SUPERサイエンス
火災と消防の科学
名古屋工業大学名誉教授
齋藤勝裕 Saito Katsuhiro
JN173159
C&R研究所

■本書について

●本書は、2017年9月時点の情報をもとに執筆しています。

●本書の内容に関するお問い合わせについて

この度はC&R研究所の書籍をお買いあげいただきましてありがとうございます。本書の内容に関するお問い合わせは、「書名」「該当するページ番号」「返信先」を必ず明記の上、C&R研究所のホームページ(http://www.c-r.com/)の右上の「お問い合わせ」をクリックし、専用フォームからお送りいただくか、FAXまたは郵送で次の宛先までお送りください。お電話でのお問い合わせや本書の内容とは直接的に関係のない事柄に関するご質問にはお答えできませんので、あらかじめご了承ください。

〒950-3122　新潟市北区西名目所4083-6
株式会社C&R研究所　編集部
FAX 025-258-2801
「SUPERサイエンス 火災と消防の科学」サポート係

はじめに

本書は、火災とはどのようなものであり、どのようにして起こり、どのような被害を与えるのか。そして、その火災を起こさないためにはどうすればよいのか。また、起きてしまった火災はどのようにして消火すればよいのかを、古今の豊富な実例を挙げて、科学的な見地から詳しく、わかりやすく解説したものです。

火災は怖ろしいものです。昔から怖いものを「地震、雷、火事、親父」と言いました。親父はともかくとして、他の3つは確かに怖いものです。中でも地震、雷はいわば天変地異であり、人間にはどうすることもできない現象です。起きないようにと、ひたすら祈り、願うしかありません。

しかし、火事は違います。火事の多くは人の不注意あるいは人の悪意から起こります。100%防ぐのは無理としても、かなりの確率で防ぐことはできるはずです。にもかかわらず、毎日のように火事が起き、亡くなる人が出ています。何とかならないものでしょうか?

火事の原因で意外に多いのが放火です。放火の理由は人を恨む悪意、保険金目当ての金銭欲、人の騒ぐのを喜ぶ精神的疾患、それと、愉快犯という低知能などが挙げられます。困った話ですが、これらは医学、経済学的な問題です。

本書は、火災を科学的に検討することを目的としたものです。火災を科学的に見た場合、その要因は3つあります。①可燃物、②酸素、③温度です。この3要素が重なったときに燃焼が起こり、火災になる可能性が出てきます。逆に言えば、この3要素のうちのどれを欠いても火災にはならないのです。

このように考えれば、防火の方法も消火の方法も見えてきます。消火の基本的にして原始的な方法は水を掛けることです。これは②と③に従った方法です。つまり、冷たい水によって温度を下げ、火源を水で覆うことによって酸素を遮断しているのです。現在の消火剤や消火器もこの原理に従っています。しかし、掛けることのできる水の量には限りがあります。森林火災や油田火災のような大規模火災には、水や消火剤では間に合いません。

そのような場合に有効なのが①に則った方法、すなわち可燃物を除去する方法です。森林火災なら爆発物の爆破によって火源の周囲の樹木を吹き飛ばしてしまいます。油田火災なら大型ジェットエンジンの爆風によって炎を吹き飛ばしてしまうのです。

江戸時代の消火方法もこのようなものでした。荒くれ男の腕力で、風下の長屋を叩き壊すのです。家として隙間を空けて建て並べられた木材は燃えても、地べたに積み重なった板はそれほどは燃えません。最近多い金属火災の消火もこのような原理です。燃えている金属に水を掛けたら水素ガスが発生し、それに火が着いて大爆発になります。消防隊にできることは延焼しないように、周囲に気を配り、金属が燃え尽きて「可燃物」が無くなるのを待つことなのです。

昔から人間は、火事と戦ってきました。ローマ大火、ロンドン大火と並ぶ、世界の3大大火の1つは日本で起こっています。江戸時代の寺院で、供養のために燃やした振袖が燃え上がり、寺院に燃え移った火が広がったものでした。3万人とも10万人とも言われる犠牲者が出ました。これらの尊い犠牲と、そこから得られた教訓の上に築かれたのが現代の消防システムです。しかし、このシステムを有効に働かせるためには私たちの防災意識が無ければなりません。本書が防災意識の涵養（かんよう）に役立ち、火災の減少に役立つことができたら、大変に嬉しいことと思います。

2017年9月

齋藤 勝裕

CONTENTS

CONTENTS

火災の仕組み

火災の種類と原因

火災の被害

CONTENTS

Chapter 6

防災システム

火事の消し方

Chapter. 1
火災の発生と発展

火災の件数と被害

火災は怖いものです。すべてを焼き尽くします。家や財産だけではありません。家族の思い出も歴史も、場合によっては家族の命までをも焼き尽くします。火事はあってはいけないものです。決して生じさせてはならないものです。しかし火災はなくなりません。日本全国で毎日100件以上の火災が起きています。

万が一、身の回りに火災が発生したら、直ちに消し止めなくてはなりません。しかし、火災が大きくなったら、消しとめようとしてはいけません。逃げなければなりません。消火は消防士に任せましょう。大きな火災は素人の手に負えるものではありません。

火災はどのようにして発生し、どのようにして広がるのでしょうか。

火災の発生件数

総務省は毎年、火災関係の統計データを発表しています。それを見てみましょう。

下図は過去10年間ほどの火災の発生件数の変化です。火災全体の発生件数は平成19年度の5万4500件ほどから平成28年度の3万7000件ほどと減少しています。

全火災のうち、半分以上は建物火災ですがその件数も3万1000件から2万1000件と減少しています。これは、車両火災やその他火災の件数が同じ期間にほとんど減少していないことと比較すると顕著な違いということができるでしょう。

国民皆さんの火災に対する意識の向上と、

●過去10年間の火災発生件数

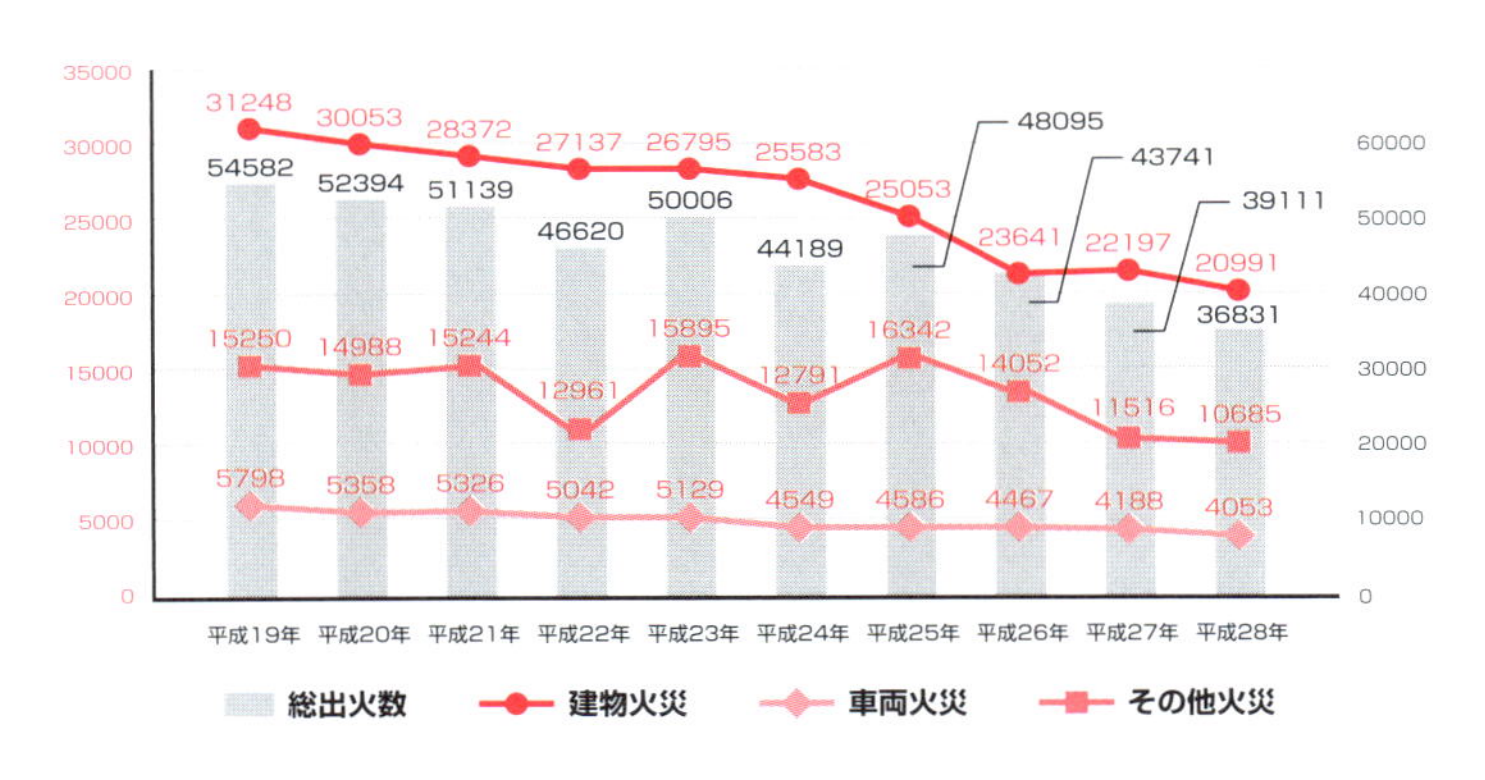

出典：総務省消防庁のホームページより
（http://www.fdma.go.jp/neuter/topics/houdou/h29/07/290728_houdou_1.pdf）

消防関係者の方々の啓発努力によるものでしょう。また、初期消火のための器具の常備が一般化され、その使い方が上手になったこともあるでしょう。火は出ても大事になる前に消し止めることができ、統計データに乗らない件数が増えて来たからかもしれません。いずれにしろ、今後ともこの傾向が続くように祈りたいものです。

出火原因

下図は平成28年度に起きた全火災に占める出火原因の割合です。それによると、明らかになった出火原因は多いものから挙げると次のようになっています。

❶ 放火
❷ タバコ
❸ コンロ

●平成28年の出火原因の割合

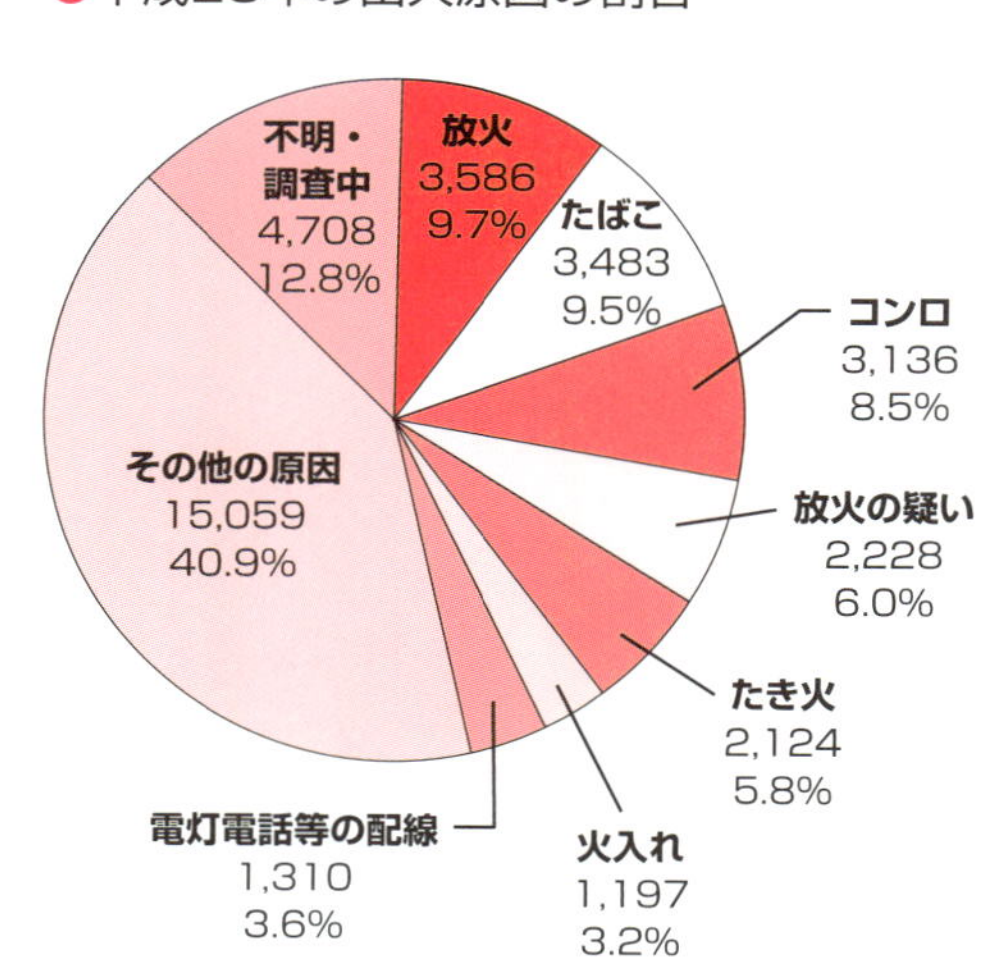

出典：総務省消防庁のホームページより
（http://www.fdma.go.jp/neuter/topics/houdou/h29/07/290728_houdou_1.pdf）

❹ 放火の疑い
❺ たき火
❻ 火入れ
❼ 電灯電話などの配線

原因不明と、その他の原因を合わせると50％以上になりますが、原因を特定できたものの中で最も多いのが放火というのは困ったものです。明らかに放火と断定されたものと、放火と疑われるものの、犯人が見つからないために「放火の疑い」とされたものを合わせると、全出火件数の15・7％が放火に関係していることになります。

タバコの不始末はとんでもない話ですが、ガスコンロからの出火はどこの家庭でも起こりそうな原因です。たき火が多いのは意外ではないでしょうか。しかし、山火事の原因の多くはたき火と火入れによるものです。

火入れというのは、山や畑地の枯草を燃やして、肥料にするための伝統的農法です。しかし、人為的に着火した火が広がって手に負えなくなり、消火も間に合わなくなって気づいたら山火事になってしまうということがあります。

犠牲者

火災で無くなるのは家や財産だけではありません、人の命もなくなります。

下図は過去10年間の住宅火災による死亡者数の推移です。65歳以上の割合が60～70%と非常に高いことがわかります。

考えられる原因の1つは、高齢になると体の動きが思うように行かず、特に想定外の火災に際して瞬発的な動きができなく、犠牲になるというのは、納得できることかと思います。

しかし、犠牲者の人数が右肩下がりになっているのに比べると、65歳以上の犠牲者の人数の減り方は緩慢です。平均

●住宅火災における死者数の推移（放火自殺者などを除く）

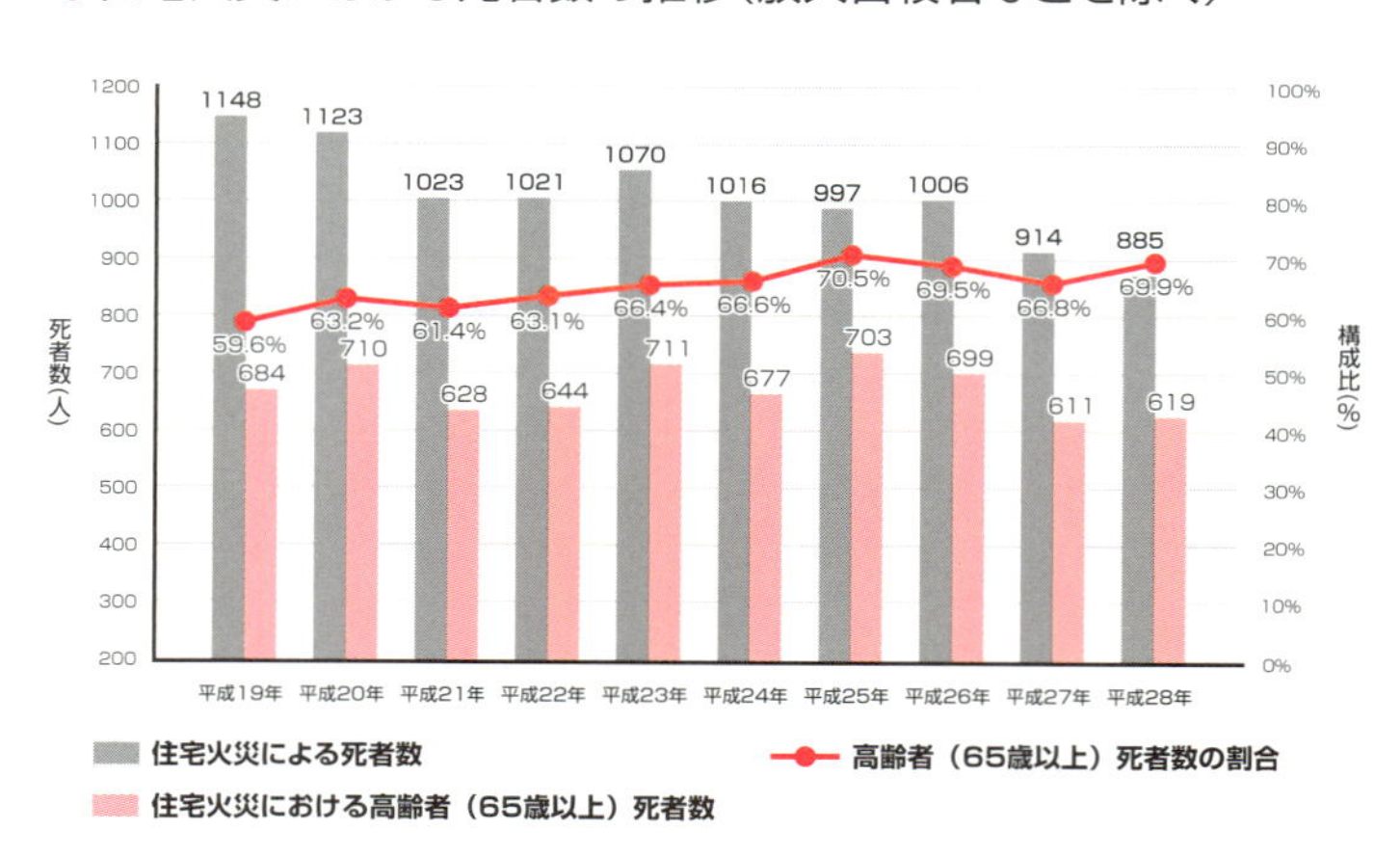

出典：総務省消防庁のホームページより
（http://www.fdma.go.jp/neuter/topics/houdou/h29/07/290728_houdou_1.pdf）

年齢が高くなって高齢者の絶対数が増えたということも原因の1つかもしれません。加えて、高齢に伴うアルツハイマーなどの痴呆化の増加も原因かも知れません。

下図は平成29年2月1日現在の年齢別人口10歳刻みで表したものです。60～69歳と40～49歳に2つのピークがあります。この方々が80歳、90歳になるのは20年、40年先のことです。そのころに、高齢化に伴う火災犠牲者の問題が再燃する可能性は充分にあります。今のうち抜本的な解決策を考慮、対処しておく必要があるでしょう。

●年齢別人口数（平成29年2月1日現在の確定値）

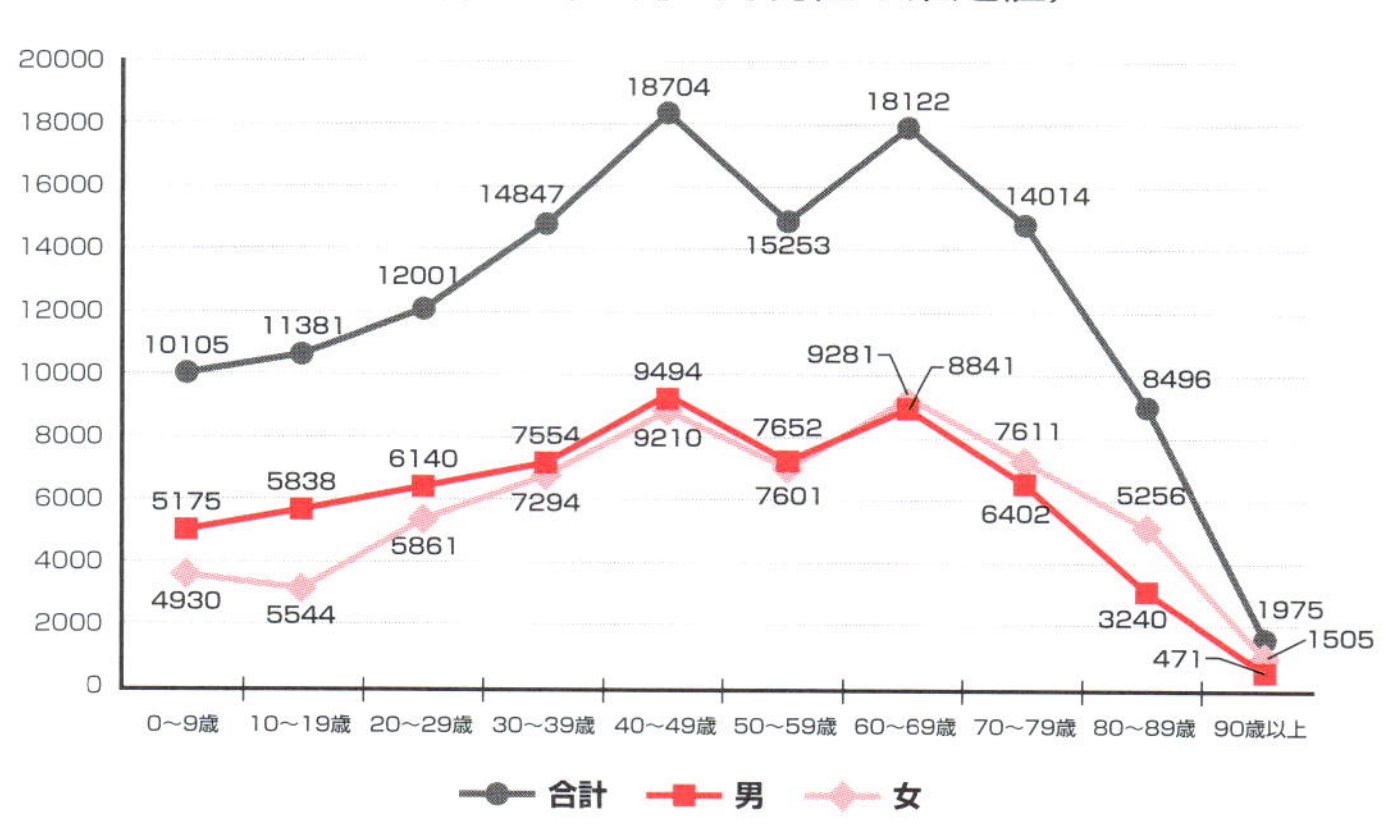

出典：総務省統計局のホームページで公開されているデータより作成
（http://www.stat.go.jp/data/jinsui/index.htm）

火災犠牲者の原因

下図は平成28年に発生した全火災における犠牲者がどのような出火原因の火災で亡くなったかを表したものです。原因が解明されたものの中では放火によるものが圧倒的に多いことがわかります。21・8%を占めています。

原因不明が35・1%ありますが、この中には放火によるものもあるでしょうから、放火による犠牲者は表立った統計の21・8%よりも多くなることでしょう。放火が憎むべき犯罪であることがよくわかります。

次ページの図は同じく平成28年に発生した火災を住宅火災に限定した場合の犠牲者の割合を示したもので

●全火災の出火原因死別者の内訳(平成28年)

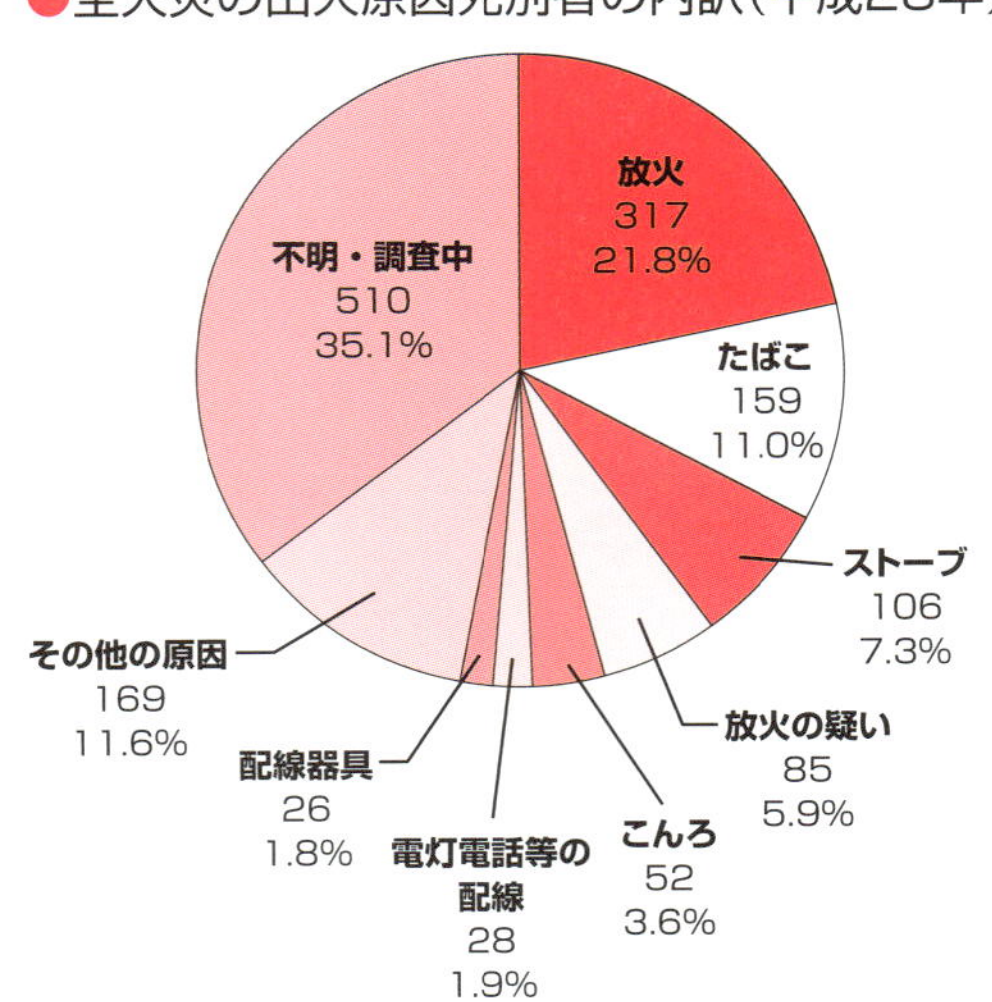

出典：総務省消防庁のホームページより
(http://www.fdma.go.jp/neuter/topics/houdou/h29/07/290728_houdou_1.pdf)

す。なんと、最も多いのがタバコの不始末です。2位のストーブが11・2%なのに対してタバコは16・5%と1・5倍ほどの多さです。健康に対するタバコの害が繰り返し報告され、喫煙者の割合が減少してきた現在においてもこの割合です。タバコの場合には、いわゆる寝タバコの問題があります。寝床の中でタバコを吸い、吸殻を布団に落とすというものです。

本人はともかく、巻き添えを食った家族や同居者の無念さは推して知るべしです。寝タバコは高齢の方にも多いと言います。厳に慎むべき行為です。

●住宅火災の出火原因死別者の内訳（平成28年）

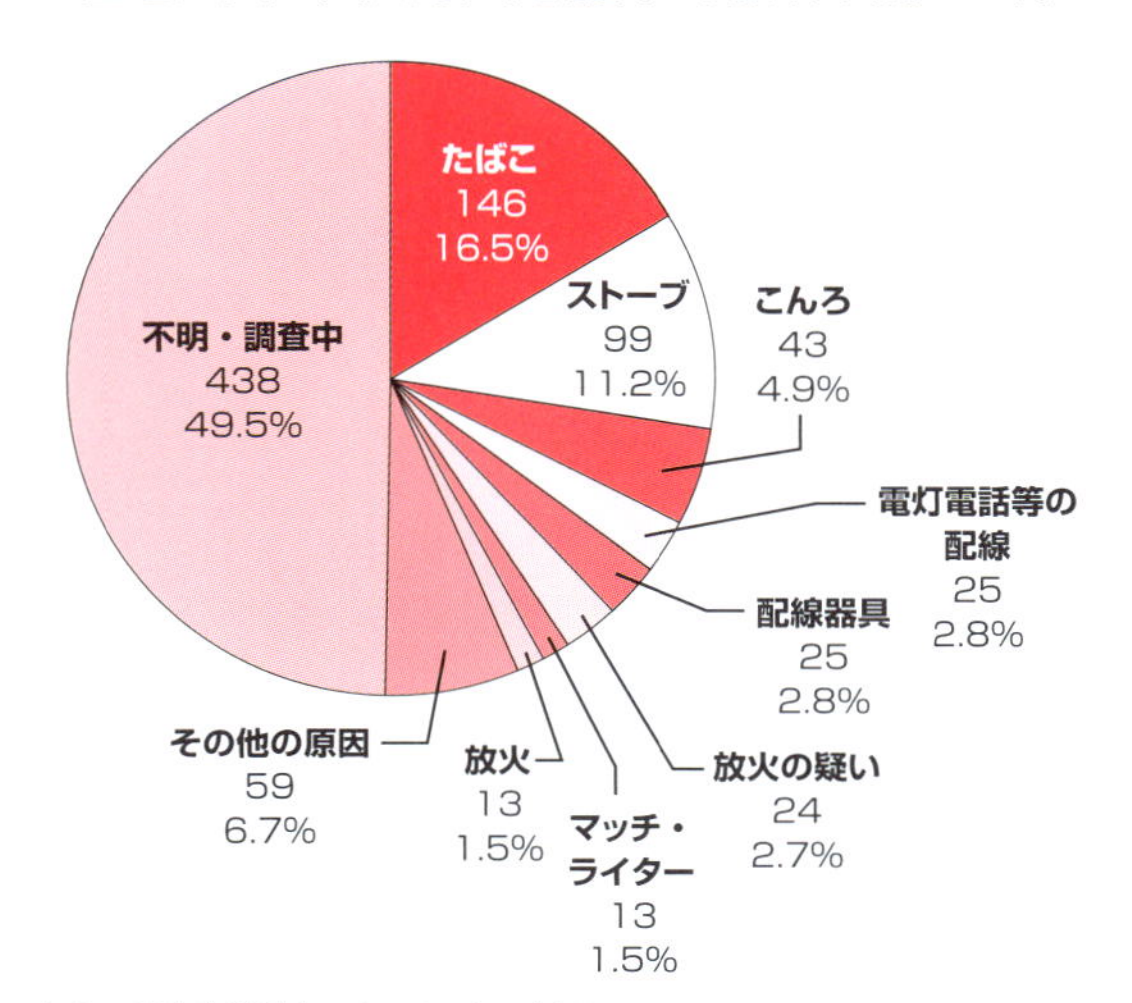

出典：総務省消防庁のホームページより
（http://www.fdma.go.jp/neuter/topics/houdou/h29/07/290728_houdou_1.pdf）

火災の発生

憎むべき放火を別にすれば、どのような大火（大火事）も最初はちょっとした火の不始末から起きます。それが大きくなっても、初期のうちはボヤであり、自分や家族で水を掛けたり、消火器で消したりすれば大事に至らないで済みます。

運に任すわけにはいきませんが、火災の中には運が悪くて燃え広がってしまうケースもないわけではありません。火災はどのようにして発生し、どのようにして成長、拡大するのでしょうか。

火災と火種

火災は物質が発火して燃え上がることによって発生します。物質が発火するためには、火、火種（ひだね）が必要です。「火のないところに煙は立たない」といいます。煙が立たないところに火が立つはずはない、と考えたいところですが、そうはいきません。

物質によっては、火種がなくても発火する場合があります。これが思わぬ火災につながることがあるため、注意が必要です。

火種による発火

火種はどこにでもあります。すべての火は火事の原因になることができます。つまり火種になりえるのです。ガスレンジの火、ストーブの火、タバコの火、仏壇の線香、ロウソクの火、私たちの周りには火がたくさんあります。

このようなむき出しの火でなくても、熱さえあれば火種になりえます。典型的なのは電気配線です。昔はネズミがかじったという事故がたくさんありました。現在もコードをきつく曲げたことによる発熱、コンセントにゴミが溜まったなどによる火災が起きています。

火種のない発火

火種がないと思われる火災の原因もいくつかあります。レンズ効果、光の収斂（しゅうれん）効果はそのようなものです。凸レンズや凹面鏡の焦点が高温になることによる発火です。液体の入ったペットボトルは凸レンズになりえます。現代的な湾曲面を持つ鏡張りのビルは凹レンズになりえます。

火災は思いがけない所から発生します。多くの場合、火事が起きてから、「なるほど」と思いますが、後の祭りということです。

SECTION 03

火災の拡大

小さな火種から発生した火でも、気づかないで放置するとどんどん大きくなります。

初期消火

幸い、小さなうちに発見できれば、お風呂の水を掛けたり、家庭用の消火器を使ったりなどで初期消火がうまくいけば、消すことができます。この場合にはボヤということで、消防車を呼ぶことなく終えることができます。

しかし、気づかないでいたり、初期消火に失敗したりすると、火は瞬く間に燃え広がります。こうなっては素人の手に負えるものではありません。消防車の助けを呼ぶ以外ありません。場合によっては火元の家が全焼するばかりか、隣近所にも延焼して思わぬ大火になる恐れもあります。

火災の拡大

炎は、信じられないほどの速さで広がり、建物を燃やしていきます。

木造家屋の場合、裸構造だと20分前後で完全に燃え尽きてしまうことが知られています。出火から始まって、火が最盛期になるまでにかかる時間は平均で約7分間です。呆然としている間に炎は家を舐めるように覆い尽くしていくのです。

❶ 室内炎上

2階建ての家の1階で出火したとしましょう。この場合、火はおおむね次のようにして燃え広がります。

まず、出火して2分ほど経つと壁板、ふすま、障子、カーテンなどに燃え移ります。そして、さらに30秒ほど経つと火は天井に燃え移ってしまいます。しかし、これは平均の値であり、出火の場所や素材、環境の違いによってはもっと速く火が回ることもあります。

❷ 隣室炎上

出火から5分も経つと、火は隣りの部屋に広がってしまいます。こうなると高熱のために窓ガラスは割れ、黒煙が外まで立ち上ります。窓から出た炎が、建物の外壁を舐めるように上ります。

❸ 全家屋炎上

7分ほど経過すると、火は階段を通じて2階の部屋に広がり、見る間に天井にまで達していきます。天井は落ち、壁は崩れます。そして、20分ほどでこの木造2階建ての家は全焼してしまいます。

マンションやビルなどの密閉性の高い建物では、木造家屋に比べると空気の流れが少ないので燃え広がる時間は長くなる傾向があります。また耐火の備えや施設が施されている場合にはさらに遅くなります。

その代わり、空気不足による不完全燃焼ために煙が大量に発生します。この中には一酸化炭素などの有毒気体も混じっています。そのため、煙に対する注意が必要とされています。

フラッシュオーバーとバックドラフト

怖いのはフラッシュオーバーやバックドラフトといわれる現象です。

フラッシュオーバーというのは、室温が上昇することによって、高温になった天井などの可燃物がある瞬間、一気に燃え上がる現象です。それまで高温に耐えていた建材が、耐え切れなくなって一挙に火を噴くとでもいえばよいでしょうか。これに遭遇すると消防士でも命の危険性を感じると言います。

バックドラフトというのは、密閉性の高い室内での火災で起こる現象です。室内で火が出ると、室内は高温になって、建材から可燃性のガスが出ます。しかし、酸素が少ないので燃え出すことができずにいます。

この状態で、消防士が消火のために窓を開けたり、あるいは窓ガラスが割れたりすると、室内に空気(酸素)が入ります。途端に高温の可燃性ガスに火がつき、窓から爆発のように炎が噴き出す現象です。バックドラフトは、フラッシュオーバーと並んで危険な現象です。

SECTION 04
延焼

火事で恐ろしいのは延焼です。延焼とは、一軒の家から発生した火災が、その一軒を焼き尽くすだけでなく、隣の家に燃え移り、さらにその隣、場合によっては離れた家にまで燃え移ることをいいます。

危険なことが起こっているが、自分に関係のないことを「対岸の火事」といいます。川の向こう側の火事だから、こちらは心配ない、という意味です。しかし、本物の火事では対岸の火事などとのんびりしていてはいけません。火災が川を越えて燃え広がるのは珍しいことではありません。

このようにして火災は大火(大火事)に成長するのですが、人類は数えきれないほどの大火に打ちのめされ、けなげにそれに耐えて復興してきたのです。

飛び火

隣家でなく、遠く離れた家にまで火が移る延焼の原因は飛び火にあります。飛び火というのは文字通り火が飛び回ることをいいます。火元から火が飛び上がり、それがはるか向こうの家の屋根に飛び降り、その家を火事にして燃え上がらせるのです。

飛び火の本体は簡単に言えば「火の粉の大きなもの」です。この大型の火の粉が火災によって起こる上昇気流や、自然現象の風に乗って遠方まで移動するのです。そこで人家の屋根に乗って燃え続けるのですから、乗られた人家は溜まったものではありません。

江戸時代にまでさかのぼらなくても、昔の民家の屋根は薄い木（木端）や萱（かや）のような植物で覆ったものが大部分でした。飛び火が乗った家屋は勢いよく燃え始めたことでしょう。江戸の町に瓦葺（かわらぶ）きが増えたのはこのような防災対策としての目的からでした。

飛び火は、火災の現場からだけ発生するものではありません。風呂の煙突から出る火の粉、電気のスパークによる火花、たき火から舞い上がる火の粉などが飛んで、火災となる例もたくさんあります。

火の粉の大きさ

火の粉といっても大きさはいろいろです。小さいものは数ミリメートルから、大きいものでは数十センチメートルに及ぶこともあります。飛距離は、普通は50～200メートルくらいですが、風が強かったり、大火になると、自身の起こす上昇気流によって火の粉は2キロメートル以上の遠くまで飛ぶこともあります。

昭和27(1952)年4月17日、午後2時55分に発生した鳥取の大火は、蒸気機関車の火の粉が飛び火したことが原因でした。出火当日の鳥取市はフェーン現象下にあり、南南西の風が13メートルと強く、湿度は28パーセントという低さでした。まさしく火事には絶好の気象条件でした。

火はまたたく間に燃え広がって5000戸以上の民家を焼き、死者3人、負傷者約4000人を出して翌日の午前3時ごろようやく下火になりました。この鳥取の大火では火元から2・5キロメートル離れた場所で、40センチメートル四方の亜鉛鉄板と、10センチメートル四方の炭化した木片などが発見されたと記録されています。

つまり、これだけの大きさの物体が火の塊となって空中を舞うのです。火災の恐ろしさをまざまざと見せつけるものです。

旋風

火災現場で発生し、延焼の原因になるものとして、火の粉の他に旋風があります。これは一般には火事場風といわれているものです。

火災の熱によって火災現場では上昇気流が生じます。火災が大きくなると上昇気流の規模も大きくなります。すると地球の自転によるコリオリの力によって、風に回転力が付加され、風は回転し、つむじ風、竜巻になります。こうなると、小さな家具などわけもなく上昇し、はるかかなたに運ばれます。この家具が燃えているのですから、結果は明白です。

この旋風は火事を広げるだけに留まりません。火災で逃げ惑う人たちに情け容赦なく襲いかかります。人々は熱風に晒されて火傷し、動けなくなり、場合によっては他人に踏みつぶされて命を失います。大正12年（1923年）の関東大地震のときに実際に起こった現象でした。

SECTION 05

煙の怖さ

火災で怖いのは火だけではありません。煙も怖いのです。火は家を燃やしますが、煙は人の命を奪います。最近の火災で亡くなった方の多くは有毒ガスを含む煙によって亡くなる場合が多いといいます。

煙の被害

火災の煙に含まれるものは炭素Cの粉である煤や二酸化炭素CO_2だけではありません。酸素不足による不完全燃焼によって発生した一酸化炭素COなどの猛毒成分が含まれています。

この高温の煙を吸い込むことにより、気道や肺などが熱傷し、呼吸をすることが困難になります。その上、一酸化炭素が血液中のヘモグロビンと結合するため、体内の細胞に酸素が運ばれなくなります。その結果、脳細胞を含めて全身の細胞が酸素不足の呼吸困難に陥り、体の自由が利かなくなります。

このような症状は一瞬のうちに起こり、あっという間に死に至るケースが少なくないといいます。

煙の速度

煙はのんびりと漂っているように見えますが、実態は大違いです。火事の煙はすごいスピードで広がります。火が広がるスピードよりも煙が広がるスピードの方が圧倒的に速いのです。そのため、火災では火から逃げることはもちろんですが、煙に巻き込まれないようにすることも大切となります。

●煙の速度

火災によって発生した煙は、その熱によって空気より軽くなります。熱気球の原理です。そのため、煙は、まず上昇を始めます。そして、天井などに突き当たると今度は横方向に広がります。煙が広がるスピードは、垂直方向で毎秒3〜5メートルで、水平方向へは毎秒0・5〜1メートルといわれます。

人が歩く速度を時速4〜5キロメートルとすると1分間に60〜80メートルであり、秒速で1〜1・3メートルとなります。これは煙が水平方向に広がるスピードとさほど変わりません。しかし、階段などの垂直方向になると、煙の速度の方が圧倒的に速くなります。つまり、階段では特に注意が必要なのです

煙の影響

煙の状態は、火事の進展によって変わってきます。火元から拡散した煙は、火元から遠ざかるにつれて温度が下がります。その結果、煙は重くなり、徐々に下降して視界をさえぎるようになります。つまり、出火から時間が経つにつれて、目の前が煙で暗くなっていくのです。

その上、火災の初期は水蒸気が多くて白かった煙が、火災が進展するにつれて煤や不純物が混じり、徐々に色は黄色に変わり、最後には黒煙に変化します。黒煙になると、視界はほとんどありません。背後には炎が迫り目の前は暗い、これでパニックになるなという方が無理というものです。

視界が遮られ、真っ暗な中では方向感覚を失います。試しに夜間、居間の電気を消して真っ暗闇の中で動いてみたらどうでしょうか。隅から隅までわかったような気になっている居間でさえ、真っ暗闇の中では動きにくいことがわかると思います。

それが、火災の最中だったらどうなるでしょうか。恐怖でパニックになってしまうのではないでしょうか。住み慣れた家でもいざ火事になると、避難に時間がかかってしまうのはこのためです。

SECTION 06

避難

不幸にして火災に遭遇したときに、最も大切なことは適切に避難するということです。避難に際して重要なことを見てみましょう。

避難時の心得

避難にあたっては、次のことを心得としましょう。

❶いったん避難したら戻らない

大事なものを忘れたからといって、絶対に燃えている家の中に戻ってはいけません。いつ天井から燃えた建材が落ちてこないと限りません。落ちてきたら、一巻の終わりです。

❷服装や持ち物にこだわらない

寝ているときでも、風呂に入っているときでも、出火したら持ち物や服装にこだわらずに一刻も早く避難すべきです。パジャマでも、バスタオルでもかまいません。

普段からの心得

普段からの心得としては、次の点が挙げられます。

❶避難経路は2つ以上確保しておく
❷避難器具の位置と使い方を確認しておく
❸避難経路に荷物を置かない
❹マンションなどではベランダの仕切板は壊して逃げる

❶については、避難経路が火災に巻き込まれることはいくらでもあります。その場合に、もう1つ別の避難経路があれば安全に避難することができます。

煙からの避難

実際の火災では、避難は煙に追われながら逃げることが多くなります。そのような場合にどのようなことに気をつければよいのでしょうか。

初期段階(煙の色が白いとき)のポイントは次の❶と❷です。

❶ 短い距離であれば、息を止めて一気に走りぬける

❷ タオルやハンカチで鼻、口を覆って避難する(水があれば濡らす)

火災では、煙をいかに吸い込まないようにするかが生死を分けます。避難するときは濡らしたハンカチやタオルを口にあて、煙を吸い込まないようにします。その余裕がない場合には、衣服などで覆うだけでも効果があります。

呼吸はなるべく浅くして、できるだけ煙を吸わないようにします。

最盛期（煙の色が黒いとき）のポイントは次の❸と❹です。

❸ 低い姿勢をとる

煙は上のほうからたまってきます。床の低いところに残っている空気を吸うために、避難するときはできるだけ低い姿勢をとることが重要です。

❹ 壁づたいに避難する

タオルや衣服を口にあて、煙で視界がきかないときは、壁に手を当てて方向を確認しながら進みます。

Chapter. 2
歴史に残る大火

古代史に残る大火

人間と火、人間と火事は切っても切れない関係にあります。人間が人間である一番の理由は、火を自由に使いこなすことができたことにあるのかもしれません。火は冬の寒さを癒し、食物を美味しくし、害獣を遠ざけてくれます。しかし同時に火は火事となって、人間の財産や命をも奪いました。人間の歴史は火との戦いということもできるのです。人類は歴史に残る大火を何回も経験してきました。現代の火災の仕組みや原因、被害を見る前に歴史に残る大火を見ておきましょう。

人間と火

ギリシア神話によれば、人間は神であるプロメテウスによって作られたことになっています。しかし、絶対神であるゼウスに断りなく作られた人間は、ゼウスに厭われ、火を持つことを禁じられました。人間は自然の中で過ごし、寒いときには凍え、食物も生で食べるしかありませんでした。そのような人間を憐み、火を教えてくれたのがまたもプロメテウスでした。

しかし、その結果、プロメテウスはゼウスの怒りを買い、毎日、鷲によって肝臓を啄まれるという責苦を与えられました。しかし、不死を約束されているプロメテウスの肝臓は、夜になると再生され、翌日はまた同じように鷲に啄まれたのです。

このようなプロメテウスの自己犠牲によって火を与えられた人間でしたが、火は人間に幸せだけを与えたわけではあり

●「縛られたプロメテウス」ピーテル・パウル・ルーベンス作(1611 - 1612年)

ませんでした。火は人間に不幸をも与えたのです。それが火事でした。

人類の古代史には神と人間が一緒に現われます。神は人間を教え、諭す立場ですが、時には厳罰を下すこともあります。

どのようなときに厳罰が下るのか。それが神の神たるゆえんであり、何しろ神は絶対正義です。わけのわからない裁定もあれば、身勝手としかいえない裁定もあります。

ドムとゴモラの業火

旧約聖書『創世記』19章によれば、天からの硫黄と火によって2つの都市が滅ぼされたとされています。後代の預言者たちによれば、この都市こそがソドムとゴモラであり、神の怒りを買った結果であるとされています。

両都市が神の怒りを買った理由は何か。それは、性的な乱れであったといわれています。古代ローマの都市ポンペイの性風俗を先取りしたようなものだったようです。

ギリシア神話の神々は性的に開放的だったようですが、キリスト教の神々はそのような習慣がお嫌いだったようです。そこで神は天から硫黄と火を注いで両都市を焼き尽くしたというのです。随分過激なことをなさる神です。

問題は、このようなことが事実として確認できるのかということにあります。

歴史家の調査によって、両都市の位置はほぼ確定されています。それによればいずれも現代のヨルダンに位置します。また、遺跡で見つかった粘土板に残された円形の星座板には、ふたご座・木星などの惑星と、アピンと名づけられた正体不明の矢印が書きこまれており、この天体配置があった日の明け方の5時30分ころに、４分半かけてアピンは地上に落下したという記述が残されているといいます。

解析によると、このような天体配置は、紀元前３１２３年６月29日に実際に起こったと推定され、さらにアピンの記述は典型的なアテン群小惑星の落下の記録であると結論づけられたといいます。しかし、衝突予想地点には衝突に伴うクレーターはないことから、この小惑星はアルプス上空で空中爆発したであろうと推定されています。

とにかく、幸いなことに聖書に描かれた大火による都市の消滅は起こらなかったようです。結局、ソドムとゴモラの神話は、品行方正に過ごすべきことを教えた神の予定的教えと解釈されているようです。

ラーマーヤナとマハーダーラタの戦火

ラーマーヤナとマハーバラタはともにインドに伝わる大叙事詩であり、両者とも紀元前400年ごろから600年ごろの間に成立したといわれています。

ラーマーヤナの意味は「ラーマ王子行状記」で、コーサラ国のラーマ王子が誘拐された妻シーターを奪還すべく大軍を率いて、ラークシャサの王ラーヴァナに挑む姿を描いた、神々の冒険譚です。

また、マハーバーラタは「バーラタ族の物語」というようなもので、〝マハー〟は「偉大な」という意味の形容詞です。ストーリーは、バーラタ族の二大王家、パーンダヴァ家とカウラヴァ家の間に起こった18日間の大戦争を描いた物です。

問題は、ここで描かれている戦闘の描写です。驚異的な武器が描かれているのです。たとえば、アストラと呼ばれる各種ミサイル、気象コントロール兵器、人間の神経や感覚を攻撃する武器が登場し、さらには考えるのと同じ速さで意のままに飛び進むヴィマーナという飛行兵器が頻繁に登場します。

その戦闘の一説に次のような部分があります。

「アシュヴァッターマンは、その言葉に烈火の如く怒り、戦車の上から煙のない炎のような輝きに満ちたアグネーヤ（火箭）を発射した。無数の矢は空を覆い炎に包まれ敵の頭上に落下した」

「一面の空から落下するアグネーヤに灼き焦がされた将兵は、炎に包まれた樹木さながらに燃え上がり次々に倒れていった。象も馬も戦車も山火事に遭った樹々のように燃え、悲鳴を上げてのた打つ。それはまさにユガ（世界の時間）の終わりに一切を焼き尽くすサンヴァルタカの火のようであった」

これは見方によっては広島に原爆投下された直後の描写に似ています。また、このような描写もあります。

「彼が不真実の言葉を口から出したとたん、それまで常に地面から4インチ浮いて動き、決して地面につくことのなかった戦車の車輪は、下に落ち地面に接触した」

これは、反重力飛行物体ではないでしょうか。

最古の放火

歴史に残る最古の放火はギリシアで起こりました。紀元前356年ごろ、ギリシアの若い羊飼いヘロストラトスは有名になりたいという野心から、エフィソスという町にある美しいことで高名な神殿・アルテミス神殿に放火しました。神殿は狩猟の女神アルテミスに捧げられたものでしたが、放火による火災で倒壊してしまいました。

ところが、捕まったヘロストラトスは放火の責任を逃れるどころか堂々と犯人であることを認め、「自分の名を不滅のものとして歴史に残すため、最も美しい神殿に火を放った」と述べました。エフェソス市民たちは、名声を求める人間が同じような蛮行を再度起こすことを防ぐために、ヘロストラトスに死刑を宣告したのみならず、この先ヘロストラトスの名を口にした者も死刑にして彼の名を歴史から抹殺するという「記録抹殺刑」に処しました。

しかし、その後はどうだったでしょうか。この事実は歴史書に書かれることになり、本書で紹介しているようにヘロストラトスの名前は2400年も経った現在に伝えられることになったのです。英語では「ヘロストラトスの名声（Herostatic fame）」とい

う熟語があり、「どんな犠牲を払ってでも有名になる」という意味で使われています

ローマ炎上

古代ローマはローマ皇帝によって支配されました。新皇帝は現皇帝の子供あるいは養子の中から元老院議員たちの推薦を受けて選ばれる規則になっていました。そのため、あまり変な人が選ばれることはないはずなのですが、必ずしも立派な人だけが選ばれたわけでもなかったようです。中でも変なことで有名なのが第5代皇帝ネロ(37年 - 68年)でしょう。

ネロは18歳という若さでローマ皇帝の地位に着きました。建築や音楽に優れた才能を示し、若いころは優れた政治家だったのですが、後になると、いろいろな蛮行、悪業が目につくようになります。中でも有名なのはローマ市街地への放火です。これによってローマの市街は炎に包まれました。

西暦64年7月19日の夜、ローマ都心に近い大競技場チルコ・マッシモ周辺の商店通りから火が起こりました。火は、折りからの風に煽られて瞬く間に大火事となり、ロー

マ市14区のうち3分の2にあたる10区を焼いてしまいました。そのうち3区は完全に焼け落ちて灰燼となり、7区も倒壊した家の残骸をわずかに留める程度だったといいます。

実はローマでは大火は珍しいことではありませんでした。帝政期に入って政情が安定したおかげで、首都ローマは100万もの人口を抱える大都市へと変貌しました。しかし、建築物の多くが木造で道幅が狭いこと、人口増加による高層集合住宅が密集したことなどが災いし、数日間も鎮火しないで燃え続けるほどの大火災が幾度も起きていたのです。

この64年の火災はその中でも最大規模の惨事で、完全に鎮火するまで6日7晩掛かったといいます。しかも出火当時、ネロは別荘に居ました。火災の報告を聞いたネロは直ちにローマへ帰り、陣頭指揮をとって鎮火および被災者を収容する仮設住居や食料の手配にあたりました。

しかし「大火を宮殿から眺めつつ楽器（リュート）を奏でていた」などという噂が立ちました。その上、ネロが建築に関心が高いことから、「ネロは新しく都を造るために放火した」という噂まで流れたといいます。こうした風評をもみ消そうとしたのか、ネロはローマ市内のキリスト教徒を大火の犯人として反ローマと放火の罪で処刑しました。この処刑がローマ帝国における最初のキリスト教徒弾圧とされ、キリスト教世界においてネロのイメージは徹底的に悪くなったのでした。

●「ローマ大火」ユベール・ロベール 作（1785年）

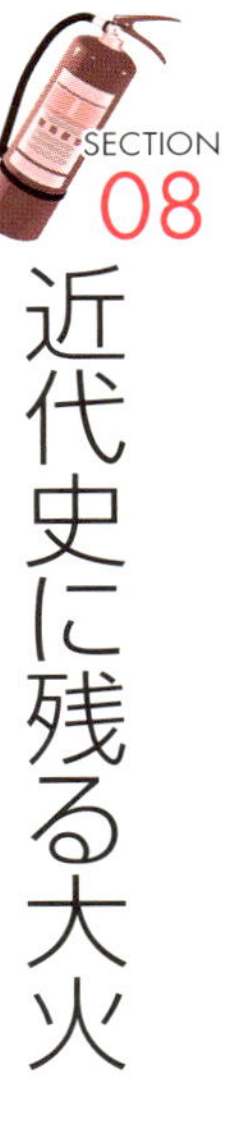
SECTION 08

近代史に残る大火

大火は常にどこかで起こっています。近代になって起こったヨーロッパの大火を見てみましょう。

モスクワ大火―1

ロシアの首都モスクワは大火の洗礼を2回も受けています。1回は1547年にイヴァン4世がロシアのツァーリ(皇帝)として戴冠した半年後の6月24日に起こりました。この火災は、当時木造の家屋がほとんどであったモスクワの市街地をほぼ焼きつくしました。

さらに火は皇帝の居住地であるクレムリンに延焼し、クレムリン内の火薬庫のうちいくつかが爆発してしまいました。

火災による被害は莫大なものでした。死者は子供を除いても2700人から3700人とされ、約8万人の市民が転居を余儀なくされました。

もちろん被害は社会的な地位に関係なく降り注ぎ、クレムリンの大聖堂にも延焼しました。そのため、大主教のマカリイはクレムリンの壁の裂け目から救出され、縄でモスクワ川まで運ばれたといいます。

幸い命の助かった被害者でも、その多くは、助ける手もないまま、貧困に陥ったといいます。

当時は火災を科学的に冷静に捉える考えは普及していませんでした。大火のような大きな事故は、宗教的な理由、あるいは政治的な理由にかこつけるのが常でした。モスクワの人々は、この火災の責任はイヴァン4世の母方の親族で、時の権力者であるグリンスキー家にあると考えました。

そのため、大火の後に暴動がおき、グリンスキー家の人々は民衆によって処刑などの処罰を受け、失脚の余儀なくなりました。これによって、反対にイヴァン4世の権力は強化されました。つまり、大火のような災害が時の権力争いに利用された例と見ることができるでしょう。

ロンドン大火

イギリスの首都ロンドンも大火の洗礼を受けています。

1666年9月1日、ロンドンの1件のパン屋のかまどから燃え広がった火は瞬く間に燃え広がりました。打つ手もないまま火は4日間にわたって燃え続け、ロンドン市内の家屋のおよそ85%（1万3200戸）が焼失しました。

幸いなことに、意外にも死者は少なく、記録されているのは5名だけでした。火がこのように燃え広がった原因は、大火以前のロンドン市内では家屋のほとんどが木造であり、街路も狭かったためとい

●「ロンドン大火」フィリップ・ジェイムズ・ド・ラウザーバーグ 作（1797年）

われます。そのため、充分な消火活動ができないまま、火が燃え盛って行ったようです。この火災によって中世の誇る大都市ロンドンは焼失しました。

この大火はその後のロンドンの再興に生かされました。すなわち1667年には「再建法」が制定され、家屋はすべて煉瓦造または石造とされ、木造建築は禁止されました。また道路の幅員についても規定されました。この法律が、現在のロンドンを作ったといっても過言ではないでしょう。

なお、当時ロンドンでは伝染病のペストが流行していましたが、この大火によって多くの菌が死滅し、感染者低減の一因になったとする説もあります。また、これを契機にして、1681年に世界初の火災保険がロンドンで誕生しました。

モスクワ大火―2

2回目のモスクワ大火は戦争によるものです。

1812年6月22日、ナポレオンはロシア遠征を決意しました。ナポレオン率いる兵力70万の大陸軍が、ロシアめがけて進軍しました。対するロシアの兵力は、老いた総指揮官クトゥーゾフの率いる25万人です。誰しもがナポレオンの勝利を疑いませんでした。

ロシア軍は夏の間、一切の武力衝突を避け、撤退を繰り返し、簡単に陣地を放棄し続けました。しかし、これこそがクトゥーゾフの戦術だったのです。ようやく九月七日にモスクワ近郊ボロジノ平原で、待ちに待った大規模な戦闘が起こりました。ロシア軍には、戦死者5万人という莫大な被害が出ました。この勝利でナポレオンは勇んでモスクワに侵攻を始めました。

しかし9月14日、ロシア軍はあろうことか、モスクワに火を放ち、退却してしまいました。これが、モスクワに起こった2回目の大火なのです。

ようやくクレムリン城塞に落ち着いたナポレオンの大陸軍は、火の海になったモスクワからやむなく脱出する以外ありませんでした。モスクワの大火から奇跡的に損壊を免れたクレムリン城塞にナポレオン軍が戻ってきたのは、脱出してから4日後のことでした。

しかし、相変わらず帰順を頑強に拒み続けるロシア皇帝に業を煮やしたナポレオンは、冬将軍の到来、兵士の疲弊、弾薬や食糧不足の状況下でさらなる進軍を行うことはできず、モスクワからの退却を決めたのでした。そしてこれこそが、ナポレオンの敗北の道であり、クトゥーゾフが目論んだ勝利の道だったのです。

厳寒のロシアで大陸からの食糧補給路を絶たれ、現地調達をしようにもモスクワは焼け野原です。飢えと寒さに打ちひしがれたナポレオン軍には戦う戦意も体力も兵力も残されてはいませんでした。無事にパリにもどった兵士は数千人に過ぎなかったといいます。ナポレオンは、これを契機に凋落の道を突き進むことになったのでした。

ハンブルク(ドイツ)大火

1842年5月5日から5月8日にかけてドイツの都市、ハンブルクの旧市街の大部分を舐めつくした大規模な都市火災が発生しました。この火災は、細かい推移が克明に記載されている近代火災の1つの例と見ることができます。

それによれば、火災は5月5日の午前1時ごろ、葉巻きたばこ製造業者宅で発生しました。残念ながら、正確な出火原因は不明のままです。しかし無風状態とはいうものの、大気の乾燥という悪条件のため、火は燃え広がりました。

5月5日の朝には市街のかなりの部分が炎に包まれていました。しかし、町にそびえる聖ニコライ中央教会では朝の礼拝が行われていたといいます。火はその後も燃え広がり、午後4時ごろには火が教会の塔に燃え移り、塔は崩落してしまいました。

5月6日には市庁舎の施設が立つ一帯が火に包まれました。そして5月8日になってようやく鎮火したのでした。

大火は当時の市域の4分の1以上を燃し尽くし、51名が犠牲となりました。焼失家屋は1700棟に上り、教会も2軒が消失しました。2万人以上が住居を失いました。その一方、旧市街の広範な破壊は市の中央部を一括して再構成し、インフラを近代化する機会をもたらしました。

逆説的ですが、破壊は再生を生みます。第二次大戦後の日本が歴史に残る復興を成し遂げることができたのは、戦災によってそれまでの旧式な工場、機械が破壊されたおかげで、効率的な新式の機械を導入することができたからだといいます。

いずれにしろ、大災害を復旧するのは機械でも工場でもありません。それを動かし、そこで働く人々です。人々が再起を願い、そのために働く意欲を持ち続けることができるかどうか、そこに掛かっているといってよいでしょう。

SECTION 09

日本史に残る大火

昔の日本の家屋は木と紙でできていました。火がついたらひとたまりもありません。たちまち燃え上がってしまいます。そのため、昔から大火事がありました。江戸時代の町、江戸は当時世界的な大都市であり、そこに燃えやすい家が集中していたため、繰り返し大火事に見舞われました。なかでも明暦の大火(1657年)、明和の大火(1772年)、文化の大火(1806年)の3つを江戸三大大火と呼びます。

明暦の大火

明暦の大火は、明暦3年1月18日(西暦1657年3月2日)から1月20日(3月4日)までに江戸の大半を焼いた大火事で俗に振袖火事、丸山火事とも呼ばれます。

この火事における被害面積は外堀以内のほぼ全域であり、天守閣を含む江戸城や多数の大名屋敷が焼失しました。江戸城天守閣はその後、再建されることはありませんでした。死者は3万から10万人とされています。関東大震災、東京大空襲などの震災や戦火を除くと日本史上最大の火災であり、ローマ大火、ロンドン大火とともに世界三大大火といわれることもあります。

この火災は単独の火災ではなく、3回の出火があったと考えられています。

1回目は1月18日午後2時ごろに、本郷丸山の本妙寺より出火。神田、京橋方面に燃え広がり、隅田川対岸にまで火が回りました。このため、霊巌寺で炎に追い詰められた1万人近くの避難民が死亡、浅草橋では脱獄の誤報を信じた役人が門を閉ざしたため、逃げ場を失った2万人以上が死亡したといいます。

2回目は翌日19日午前10時ごろ、小石川にある官吏（公

●明暦の大火「江戸火事図巻」より田代幸春 画（1814年）

務員)の宿所より出火しました。この火事は飯田橋から九段一体に延焼し、江戸城も天守閣を含む大半が焼失しました。

そして3回目は19日午後4時ごろ、麹町5丁目の民家から出火し、南東方面へ延焼して、新橋の海岸に至って鎮火したと言うものです。

この火事の原因の1つは、気象条件にあります。つまり、当時空気が非常に乾燥していたことが挙げられます。つまり前年の11月から雨が80日以上降っておらず、しかも当日は午前8時ごろから北西風が強く吹き、人々の往来もまばらだったといいます。

しかし、直接の出火原因には2つの説がささやかれています。1つはこの火災が振袖火事といわれるゆえんです。若い娘さんが亡くなったので、悲しんだ両親がその子が大切にしていた振袖をお寺(本妙寺)に持って行って、供養の上、燃したのですが、その振袖が風に煽られて飛び上がり、お寺に火がついたというものです。

もう1つは、まさか、と思う原因です。それは幕府が江戸の都市改造を実行するため放火したとする説です。当時の江戸は急速な発展による人口の増加に伴い、住居の過密化、衛生環境の悪化による疫病の流行、それに加えて治安の悪化などで都市機能が限界に達していました。

しかし、江戸の町を改造するには住民の説得や立ち退き補償などの壁があります。そこで幕府は大火を起こして江戸市街を焼け野原にしたというのです。実際に大火後の江戸では都市改造が行われています。しかし、大火の後に都市改造が行われるのは当然であり、そのために放火したというのは突飛すぎるのではないでしょうか。

明和の大火

明和の大火は、明和9年2月29日(西暦1772年4月1日)に、江戸で発生した大火です。目黒行人坂(現在の東京都目黒区下目黒一丁目付近)から出火したため、目黒行人坂大火と呼ばれることもあります。この火事は、鎮火と再出火を繰り返したものでした。

午後1時ごろに目黒の大円寺から出火した炎は南西からの風に煽られ、麻布、京橋、日本橋を襲い、江戸城下の武家屋敷を焼き尽くし、神田、千住方面まで燃え広がりました。

いったんは小塚原付近で鎮火したものの、午後6時ごろに本郷から再出火。駒込、根岸を焼き、翌日30日の昼ごろにはようやく鎮火したように見えました。ところが、翌日の3月1日の10時ごろになってまたもや再出火し、日本橋地区が壊滅したのでした。

結局、類焼した町は934、大名屋敷は169、橋は170、寺は382を数えました。死者は1万4700人、行方不明者は4000人を超えたといいます。

出火元は目黒の大円寺というお寺であり、出火原因は真秀という名前の坊主による放火でした。真秀は逮捕され市中引き回しの上、小塚原で火刑に処されました。

文化の大火

文化の大火は文化3年3月4日(西暦1806年4月22日)に江戸で起こった大火です。丙寅(きのえとら)の年に出火したため、丙寅の大火、あるいは火元の地名をとって車町火事、牛町火事ともよばれます。

火は午前10時ごろ、芝・車町(現在の港区高輪2丁目)で発生しました。火は、薩摩藩上屋敷(現在の芝公園)・増上寺五重塔を全焼しました。さらに西南の強風に煽られて木挽町・数寄屋橋に飛び火し、そこから京橋・日本橋の殆どを焼失しましたが火勢は止むことなく、神田、浅草方面まで燃え広がりました。ようやく翌5日に降った雨によって鎮火しました。

消失面積は下町を中心に530町に及び、焼失家屋は12万6000戸、死者は1200人を超えたといわれます。

京都の大火

大火は江戸だけで起きたわけではありません。江戸時代の京都には宝永の大火（宝永5年3月8日、西暦1708年4月28日）、天明の大火（天明8年1月30日、西暦1788年3月7日）、元治のどんどん焼け（元治元年7月18日、西暦1864年8月19日）という大きな火災が起きており、これを京都の三大大火と呼びます。なかでも被害が大きかったのは天明の大火でした。

天明の火災は天明8年1月30日に京都で発生した火災で、出火場所の名をとって団栗焼け（どんぐりやけ）、あるいは干支から申年（さるどし）の大火とも呼ばれます。また、非常に規模の大きな火災であったことから、単に京都大火あるいは都焼け（みやこやけ）というと、通常はこの天明の大火のことを指します。

火は1月30日の未明、鴨川東側の宮川町団栗辻子(現在の京都市東山区宮川筋付近)の町家から出ました。空き家への放火だったといいます。折からの強風に煽られて瞬く間に南は五条通にまで達し、さらに火の粉が鴨川対岸の寺町通に燃え移って洛中に延焼しました。その日の夕方には二条城本丸が炎上し、続いて洛中北部の御所にも燃え移りました。完全に鎮火したのは2日後の2月2日早朝のことでした。

記録によれば、京都市中1967町のうち、焼失した町は1424、焼失家屋は3万6797、焼失世帯6万5340、焼失寺院201、焼失神社37であり、死者数は150人だったといいます。ただし、実際の死者は1800人はあったとする説もあります。

この火災で東本願寺・西本願寺はもとより、御所、二条城、京都所司代屋敷・東西両奉行所など、主だった建物はことごとく燃えてしまいました。時の天皇、光格天皇は御所が再建されるまでの3年間、聖護院を仮御所としたといいます。

これらの被害は応仁の乱の戦火を上回るものであり、その後の京都の経済にも深刻な打撃を与えました。

SECTION 10

現代史に残る大火

現代は激動の時代です。政治は不安定であり、小さな戦争は常に起こっており、テロも頻発します。その一方科学はやみくもに進化しました。発砲、火災、爆発はやむことがありません。

原爆火災

第二次世界大戦の終末期、広島市と長崎市に原子爆弾が投下されました。原子爆弾が実戦に使われたのはこの2発が最初にして最後でした。それも、この爆弾の威力があまりにすごく、その被害が言語を絶するものであり、このようなものを二度と人類に対して使ってはならないということを世界が悟ったからでしょう。

広島市に原子爆弾が投下されたのは1945年8月6日午前8時15分でした。アメリカ軍の爆撃機が「リトルボーイ」と呼ばれる原子爆弾を投下したのです。

　原子爆弾の爆薬（核爆発物質）にはウラン２３５、^{235}U、あるいはプルトニウム２３９、^{239}Puが用いられます。広島に投下されたものはウランを用いたものであり、長崎に投下された「ファットマン」はプルトニウムを用いたものでした。

　広島のリトルボーイには約50キログラムのウラン２３５が使用されていましたが、このうち実際に核分裂を起こしたのは1キログラム程度と推定されます。しかし、その爆発力はすごく、15キロトンと推定されています。キロトンというのは１０００トンのことであり、この原子爆弾と同じ爆発力を通常爆薬のＴＮＴを用いて起こそうとすると15キロトン、すなわち1万5千トンが必要ということを意味します。

　つまり広島では、1万５０００トンのＴＮＴ爆薬が一挙に爆発したことになるのです。この爆発エネルギーは爆風（衝撃波・爆音）・熱線・放射線となって放出されましたが、その割合はそれぞれ50パーセント、35パーセント、15パーセントであったと推定されます。

　爆発の瞬間における爆発点の気圧は数十万気圧に達し、これが爆風を発生させました。爆心地における風速は毎秒４４０メートル以上と推定されます。これは音速の毎秒３４９メートルを超える爆風であり、風の前面に衝撃波を生じます。これが爆心地の一般家屋のほとんどを破壊したものとみられます。

一方、核分裂で出現した火球の表面温度は数万℃に達しました。これは太陽の表面温度、７０００℃よりもはるかに高温です。これによって爆心地付近の地表温度は３０００～６０００℃に達し、屋根瓦は表面が溶けて泡立ち、また表面が高温となった木造家屋は自然発火して町全体が炎に包まれたのです。

これにより当時の広島市の人口35万人(推定)のうち、９万～16万６０００人が被爆から２～４カ月以内に死亡したとされます。

アメリカ同時多発テロ

アメリカ同時多発テロ事件は、２００１年９月11日にアメリカ国内で同時多発的に発生した事件であり、ハイジャックによって奪った航空機等を用いた４つのテロ事件の総称です。

犯人である、総勢19人のアルカーイダグループにハイジャックされた航空機は全部で4機でした。そのうち2機は世界貿易センタービルに突入し、もう1機は米国防総省に突入しました。しかし残る1機は、乗員や乗客の抵抗にあったらしく、どこにも突入することなく途中で墜落しました。一説によるとホワイトハウス、もしくはアメリカ合衆国議会議事堂を標的にしていたといいます。

世界貿易センタービルはツインタワーとも呼ばれ、北棟と南棟の2棟が連結された建築物でしたが、この事件では両棟とも航空機の突撃を受けました。

まず北棟が8時46分に突入を受けて爆発炎上しました。この時点では多くのメディアがテロ行為ではなく単なる航空機事故として報じました。続いて、9時3分に南棟が突入を受け、爆発炎上しました。

この2機目の激突は1機目の激突後に現場のテレビ中継を行っていたさなかに発生したため、衝撃的な映像が全世界にリアルタイムで配信されることになりました。

航空機の突入によってビル上部は激しく損傷し、漏れ出したジェット燃料は縦シャフトを通して下層階にまで達し、爆発的に火災が発生しました。衝突による鉄骨の破断と、火災の熱による鉄骨の軟化でタワーは強度を失い、9時59分に南棟が突入を受けた上部から砕けるように崩壊し、北棟も10時28分に崩壊しました。

ツインタワーは、最初に突撃を受けた北棟で人的被害が大きく、死者は消防士を含めて約1700人でした。特に突撃を受けた92階以上に被害が多く、この階以上の在館者全員が死亡したといわれています。それは航空機に突入されたフロアの階段が大きく破壊され炎上したため、避難経路が遮断されたためでした。

南棟も同様に激しく炎上しましたが、こちらは幸いにも階段が損壊を免れたため、十数名は無事避難することができました。また、多くの人が北棟の事件を見て避難をしたため、約7割の人が生還しています。

ただし、このとき、炎上部より上にいた人の一部が窓から飛び降り、消防士や避難者の一部が落下してきた人の巻き添えになり命を落としました。これらのことから合計で2749人が死亡するという大惨事になりました。

アメリカ国防総省は9時38分に航空機の突入を受けました。これによって大爆発が起き、ビルの一部は炎上崩壊し、航空機の乗客・乗員全員と189人の国防総省職員が死亡しました。なお、国防総省の建物は五角形のドーナツ型であり、長官室は突撃を受けた側の反対側であり、また突撃場所の近くは当日工事中で、人が少なかったことが被害を最小限に抑えたといわれています。

SECTION 11

最近の大火

日本で最近起きた大火災についても見てみましょう。

鳥取大火

鳥取大火は、1952年4月17日から翌日にかけて鳥取県鳥取市で起きた大火災です。戦後最大級の大火といわれています。

1952年4月17日14時55分、鳥取駅前にあった空き家から出火しました。折からフェーン現象による最大瞬間風速は毎秒15メートルという強い南風が吹き荒れており、日中の最高気温が25・3℃、湿度28%と火事が起きやすい気象条件だったことが災いしました。火勢は見る見るうちに拡大し、付近の商店街や民家に飛び火しながら市街地を燃し尽くしていきました。強い南風に煽られ、市内各所で飛び火による火の手が上がりました。

戦後間もないことで消火設備も消防車6台という貧弱さであり、上水道の水量も水圧も低すぎて手の施しようがない状態だったといいます。夜になっても火はますます勢いを増しました。焼失速度は1分間に家屋7戸強というすさまじいものだったといいます。

出火から12時間が経過した翌日の午前4時、火はようやく鎮火しました。出火点から延焼した距離は6キロメートルにも及んだといいます。

この火災による罹災者は2万4511人、死者3人、罹災家屋5228戸、罹災面積160ヘクタール、被害総額は当時のお金で193億円に上りました。当時の鳥取市の人口は6万1千人、世帯数は1万3千だったので、市民の半分近くが罹災したことになる大火でした。

これだけの大きな被害をもたらした大火災でしたが、原因は不明のままでした。

第1出火点となった空き家では、出火直前まで3人の作業員が椎茸（しいたけ）原木の穴あけ作業をしていました。その作業に使用した電動ドリルが過熱したのではないかと見られ、作業員が取り調べを受けましたが、証拠不十分となりました。それに、この空き家は屋根の一部を焼いたのみで鎮火しています。

ところがこの直後に、駅前にある市営動源温泉の屋上の湯気抜き鎧戸に蒸気機関車から飛び出した火の粉が当たって火炎が噴き出していたといいます。これは、鳥取駅信号所のストーブの飛び火が原因ではないかといわれ、信号所の責任者2人が取り調べを受けたましたが、これも証拠不十分で不起訴になっています。

糸魚川大火

糸魚川大火は、2016年に新潟県糸魚川市で起きた大規模火災です。火災はクリスマスも近い12月22日午前10時20分ごろに発火しました。原因は火元の中華料理店の店主が大型コンロの火を消し忘れたことによるものでした。

当日は、日本海側の低気圧に南風が吹き込み、午前10時20分に最大風速毎秒13・9メートルを、午前11時40分には最大瞬間風速毎秒27・2メートルを記録していました。これによって、温かい南風が山を越えて日本海側に吹き降ろすフェーン現象が起きており、出火当時には気象庁から強風注意報が発表されていました。

市は、火勢の拡大から近隣の地方公共団体へ応援を要請、県外を含む消防団が消火活動を行いました。また、糸魚川地区生コン組合にミキサー車による水の搬送を要請し、国土交通省北陸地方整備局にも排水ポンプ車等の支援要請を行いました。しかし、強風による飛び火で火点が分散したことに加えて、応援による多数の消防車の放水で消火用水が足りなくなるなど、消火に手間取りました。その結果、消火作業は、同日20時50分の鎮圧までに約10時間半、翌日16時30分の鎮火までには約30時間を要してしまいました。

この火災での人的被害は、消防団員15名を含めて、中等症1名と軽症16名の計17名であり、死者は発生しませんでした。焼損面積は4万平方メートル、全焼120棟、半焼、部分焼27棟に達しました。

これは地震などに由来する二次災害を除けば、規模としては1976年の酒田大火以来の大火となりました。

Chapter. 3
火災の仕組み

燃焼の仕組み

そもそも火災とは何でしょうか。火災の仕組みを科学的に見てみましょう。

火災は簡単にいえば家に代表される〝物質〟が燃えることです。しかし、物が燃えるのは火災に限ったことではありません。昔懐かしい、校庭の一角でその日のゴミを燃やすのも、高級レストランでビフテキの表面を焼くのも、同じように物質を燃やすことです。「物質を燃やす」ということはどういうことなのでしょうか。そこを明らかにすることにこそ火災を減らす鍵があるのではないでしょうか。

燃焼と酸化反応

物質が燃えるというのは、化学的に簡単にいえば、物質が酸素と反応して酸素と結合することです。一番わかりやすい例は、炭、すなわち炭素Cが酸素O_2と反応して二酸化炭素CO_2になる例でしょう。

しかし、私たちの身の周りに起こる酸化反応はこれだけではありません。鉄Feでできた包丁が錆びて酸化鉄Fe_2O_3になる反応も酸化反応です。しかし、私たちは包丁が錆びることを、包丁が燃えたとはいいません。

反応速度

同じ酸化反応なのに、炭素が二酸化炭素になる反応を燃焼といい、鉄が酸化鉄になる反応を燃焼といわないのはなぜでしょうか。それは、酸化反応のスピードです。同じ酸化反応でも、高速で起これば燃焼となり、ゆっくり起これば燃焼とはいわれないのです。包丁の酸化反応は数年単位のゆっくりした反応です。

しかし、小学校の理科の授業で教わったように、鉄もスチールウールのように細くして、表面積を大きくし、酸素気体中で燃やすなど、酸素と触れ合う機会を多くすれば、激しく燃えてしまいます。

●炭素と酸素の反応

$$C + O_2 \longrightarrow CO_2$$

炭素　酸素　二酸化炭素

冬になると重宝する化学カイロは鉄の酸化反応を利用したものです。これも鉄の酸化反応ですが、反応速度を加減しているのです。

反応エネルギー

炭を燃やすと熱くなります。なぜでしょうか。それを解き明かすのが下図です。図の横軸は時間を表し、縦軸は酸化反応に伴うエネルギー変化を表します。炭の燃焼なら、燃える前は系のエネルギーは炭素Cと酸素O_2のエネルギーの和になっています。

ところが、両者が反応して二酸化炭素CO_2になると、エネルギーは低くなっています。これはCとO_2の混合状態($C+O_2$)より、両者

●酸化反応に伴うエネルギー変化

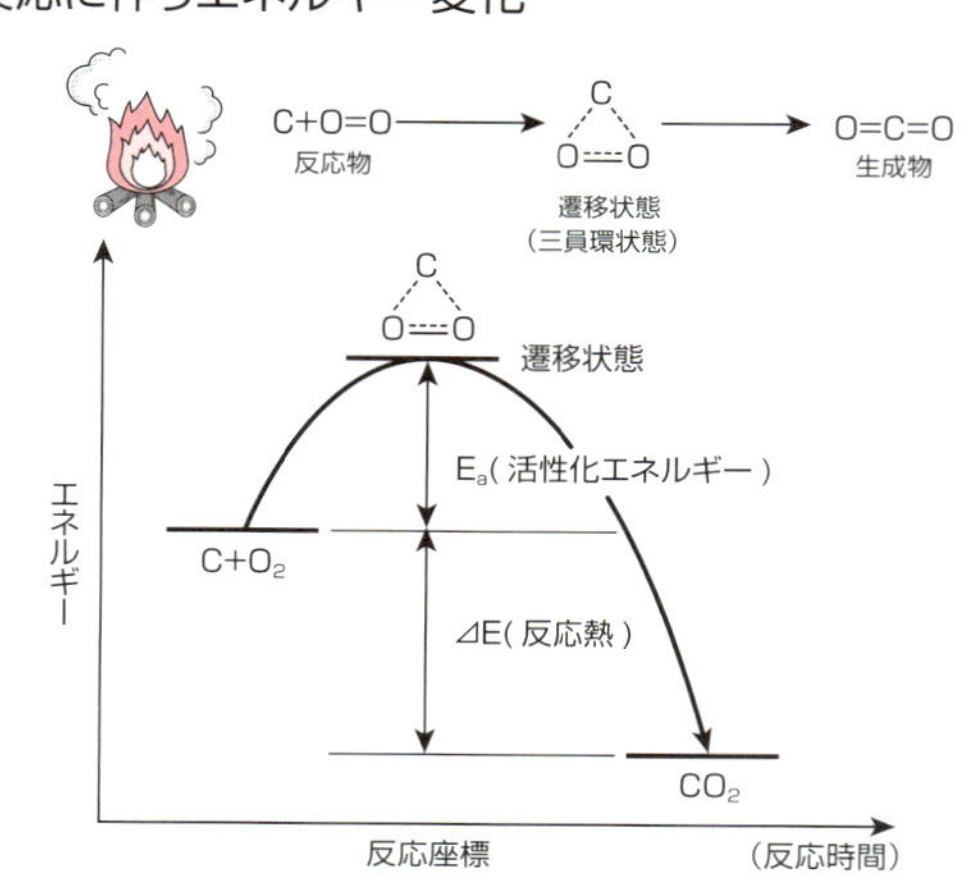

が反応してCO_2になった方が低エネルギー、すなわち安定状態になったことを意味します。この両者のエネルギー差ΔEは外部に放出されます。これが燃焼に伴う発熱、発光などの諸々のエネルギーの根源になっているのです。

化学反応の鍵

ところが、物質の燃焼には不思議な性質があります。バーベキューで炭を燃やすとき、マッチやライターなどの熱源が必要になります。なぜこのような熱が必要なのでしょうか。炭が燃えれば、黙っていても発熱します。そのような炭素を燃やすのに、なぜ外部からマッチやライターなどの熱エネルギーを供給しなければならないのでしょうか。

これも先の図に示されています。つまり、炭素と酸素は、高エネルギーの混合状態から直ちに低エネルギーのCO_2状態に雪崩れ込むわけではないのです。もしそうなら大変です。スーパーのバーベキュー用炭売り場には炭素Cが山積になっており、周囲(大気中)には酸素がふんだんに用意されています。炭は直ちに酸素と反応(燃焼)して火事になるでしょう。

活性化エネルギー

燃料店の燃料、木炭、石油、プロパンガスなどが店頭で燃え上がらないのは、これら酸化反応に鍵がかけられているからなのです。この鍵を活性化エネルギーといいます。

先ほどの図を見てください。$C+O_2$の高エネルギー出発系は、反応が進行すると低エネルギー生成系のCO_2になります。しかし、その途中で出発系よりさらに高エネルギーの励起状態を経由しているのです。この励起状態は、ほとんどすべての化学反応が経由することを義務づけられているいわば〝踏絵〟のような状態です。

そして、この踏絵状態を突破するには、特別なエネルギー、活性化エネルギーE_aが必要になります。マッチやライターなどの熱エネルギーは、この活性化エネルギーとして必要だったのです。

しかし、いったん反応が進行してしまえば、次の反応に必要な活性化エネルギーは前の反応が発する反応エネルギーΔEによって、完全に賄われることができます。

SECTION 13

火災の3要素

火災は家や財産など、人が大切にするものが燃えてしまう現象です。しかし、家や財産は簡単に燃えるものではありません。そのようなものが燃えるのはなぜでしょうか。火災はなぜ起こるのでしょうか。

火災が起こるためにはいくつかの条件が必要です。その条件が揃ったときに火災となるのです。これを火災の3要素といいます。火災の3要素は「可燃物の存在」「酸素」「温度」です。

可燃物の存在

火災は燃焼の一形態です。燃焼というのは物質が酸素と結合することです。したがって、酸素と結合することのできる物質、すなわち可燃物がなければ燃焼は起こりません。

酸素と結合することのできないものは可燃物になることはできません。酸素は非常に反応性の高い物質ですから、多くの物質と反応して、その物質を酸化物にします。

鉄は燃えないように思われますが、そんなことはありません。鉄は錆びます。ということは酸化されるのです。つまり先に見たように鉄は燃えることができるのです。

このように多くの金属は燃えることができるのです。最近、マグネシウム火災が起きています。マグネシウムは金属であり、鉄やアルミニウムとの合金はマグネシウム合金として自動車のホイールなどに使われています。これが燃えて酸化マグネシウムMgOとなるのです。

それでは、決して燃えないもの、不燃物とはどのようなものでしょうか。水H_2Oは決して燃えない不燃物の典型です。砂や土、水晶を構成する二酸化ケイ素SiO_2も決して燃えません。鉄の錆び、つまり酸化鉄Fe_2O_3も不燃物です。

これらはすべて酸化物です。つまり、すでに充分な酸素と結合して

●マグネシウムと酸素の反応

$$2Mg + O_2 \longrightarrow 2MgO$$

マグネシウム　酸素　酸化マグネシウム

しまった物質は、それ以上酸素と結合することがないので不燃物なのです。炭素Cは酸素と結合すると一酸化炭素COや二酸化炭素CO_2になります。CO_2は2個の酸素と結合しており、もう充分な量の酸素と結合しています。したがって不燃物です。

しかし、COは1個の酸素と結合しているだけであり、充分な量の酸素とはいえません。つまりCOはさらに酸素と結合することができる、燃えることができるのです。ですからCOは可燃物です。実際、昔の都市ガスはCOを燃料として使っていました。

酸素

前述の通り、可燃物が燃えるためには酸素が必要です。酸素Oはどこにあるでしょうか。いうまでもありません。空気の体積の4分の1は酸素分子O_2です。したがって、空気中に可燃物があれば、燃焼することは可能です。

●一酸化炭素と酸素の反応

$$CO + O_2 \longrightarrow 2CO_2$$

一酸化炭素　酸素　二酸化炭素

それでは、酸素があるのは空気中だけでしょうか。前述で見たように酸素は反応性が激しいのでさまざまな物質と反応して酸化物を作ります。つまり、酸化物の中には酸素が含まれているのです。

水H_2Oの中にも酸素が含まれているのです。つまり、水も可燃物を燃やすことができるのです。実際、マグネシウムは熱水と反応して燃焼します。

水だけではありません。鉄の錆びFe_2O_3の中にも酸素があります。ということは、鉄さびも可燃物を燃やすことできるのです。テルミットは酸化鉄Fe_2O_3とアルミニウムAlの混合物ですが、加熱すると2000℃に達する高熱を発して燃えます。つまり、AlがFe_2O_3の酸素によって酸化されて酸化アルミニウムAl_2O_3になるのです。

このように、酸素を供給できる化合物はたくさんあります。後に見る爆薬はそのようなものの一種です。

●マグネシウムと熱水の反応

$$Mg + H_2O \longrightarrow MgO + H_2$$

マグネシウム（Mg）　熱水（H_2O）　酸化マグネシウム（MgO）　水素（H_2）

温度

燃焼に必要な3要素の最後は温度です。可燃物と酸素が存在しても、温度が低ければ酸化、すなわち燃焼、火災は起きません。これは78ページで見た活性化エネルギーが足りないからです。酸化を起こすためには活性化エネルギーが必要であり、そのためには温度が必要なのです。

ガソリンが燃えやすいことは誰でも知っています。それでは、ガソリンが燃えるのは、火をつけたときだけでしょうか。物質が燃えるときの温度を表す用語として、発火点、着火点、引火点などがあります。これらはどのように違うのでしょうか。

ガソリンに限らず、多くの物質は空気中(酸素のある状態)で加熱し、温度を上昇させれば、いつかは燃えます。紙や布がアイロンの熱で燃え上がる通りです。ここには熱源(アイロン)はあっても火種はありません。

このように、物質が高温になって自ら燃え上がる温度を発火点、あるいは着火点(着火温度)といいます。簡単にいうと、物質は発火点以上の温度になると、火の気がなくても燃え上がるのです。

たとえばガソリンの発火点は３００℃、メチルアルコールは３８５℃、菜種油は３６０〜３８０℃です。

発火点は、物質の置かれた状態で異なります。充分な空気に触れやすい状態では発火しやすく、そうでなければ簡単には発火しません。そのため、発火点は、その物質固有の温度ではありません。

しかし、ガソリンのような可燃性物質（主として液体）に火（火種）を近づけたら、爆発的に発火します。危険なことと言うまでもありません。このような実験は決して行ってはいけませんが、実はガソリンも非常に低温になると、火種を近づけても発火しません。

物質が火種によって燃える（引火する）最低の温度を引火点といいます。これは火種の熱によって物質が気化して蒸気となり、それに着火するのです。このように、引火が起こる最低温度を、引火点といいます。もちろん引火点は発火点より低温です。

たとえばガソリンの引火点はマイナス43℃以下、シンナー類はマイナス９℃、メチルアルコールは11℃となっています。それに対してごま油や菜種油は３００℃前後です。ガソリンなどが「火気厳禁」とされる理由はここにあります。もちろん、引火点が低いほど引火しやすく危険な物質といえます。

SECTION 14

爆発の仕組み

火災では爆発が起こることがあります。爆発は火災を広げるだけでなく、被害者あるいは消防士の命を奪うほど危険な現象です。爆発とはどのような現象で、どのようにして起こるのでしょうか。

発火による爆発

爆発の典型は花火や爆弾のような、火薬、爆薬による爆発でしょう。このような爆発では爆薬自身が燃えています。つまり爆発は燃焼の一種なのです。

「燃焼が急速に起こり、気体が一気に膨張し、その膨張速度が音速を超えて衝撃波が発生する現象」、それが爆発です。簡単にいえば急速で起こる燃焼です。

ここで問題が起きます。つまり、急速な燃焼が起こるためには大量の酸素を一気に供給しなければなりません。空気中の酸素だけではこのような急場の用に足りません。それではどうするかというと、爆薬の中に酸素を入れておくのです。

昔から用いられ、現在も花火などで用いられている黒色火薬は、硫黄S、木炭の粉(炭素)C、それと硝石と呼ばれる硝酸カリウムKNO_3の混合物です。もうおわかりでしょうが、硝石の中にたっぷりと酸素が入っているのです。このような物質を助燃剤といいます。

気をつけなければならないのは硝酸アンモニウムNH_4NO_3です。これは「硝安」という名前で化学肥料として市販されています。しかし、化学式を見ればわかる通り、助燃剤の資格充分です。それどころか、これは強力な爆薬です。過去に何回も大爆発事件を起こしていますし、2015年に中国天津市で起こった大爆発事件も硝安によるものでした。

爆薬として有名なのは、爆弾に使われるトリニトロトルエンTNTとダイナマイトの原料であるニトログリセリンです。両者は有機物ですが、その構造式を見ればわかる通り、ニトロ基NO_2という原子団をそれぞれ3個ずつ持っています。ニトロ基は酸素を2個持っており酸素供給能力は十分です。

TNTは室温で結晶（粉末）であり安定ですが、ニトログリセリンは液体で非常に不安定であり、少しの衝撃で爆発してしまいます。そのため、運搬貯蔵に不便であり、実用的な爆薬として使用されることはありませんでした。ところがノーベルが、ニトログリセリンを珪藻土に吸着させると安定化し、それでいて信管を使えば爆発することを見出し、ダイナマイトを開発したのです。

気体発生による破裂

多くの物質は高温になると気体になります。水は100℃になると沸騰して気体の水蒸気になります。鉄でも1538℃になれば融けて液体になり、2862℃では沸騰して気体になります。ドラ

●TNT（トリニトロトルエン）

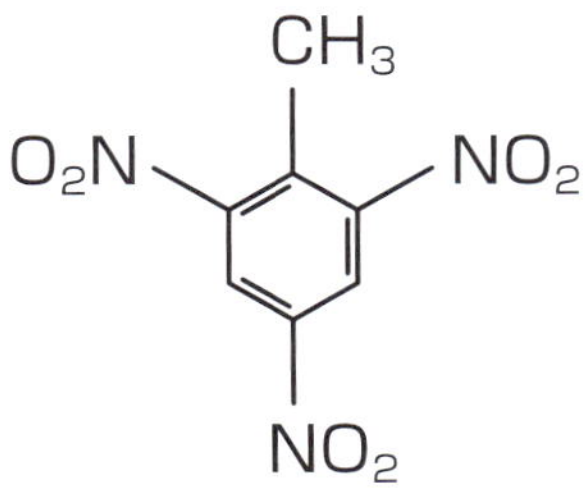

$$CH_3$$

O_2N — ベンゼン環 — NO_2

$$NO_2$$

トリニトロトルエン

●ニトログリセリン

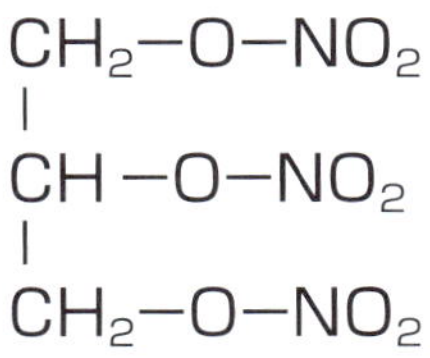

$$CH_2-O-NO_2$$
$$|$$
$$CH-O-NO_2$$
$$|$$
$$CH_2-O-NO_2$$

ニトログリセリン

イアイスは二酸化炭素CO_2の個体であり、室温で昇華して気体になります。

気体の体積はとんでもなく大きいです。1ミリリットル、要するに縦横高さが1センチメートルのドライアイスが気体になるとその体積は約900ミリリットル、すなわちペットボトル2本に近い体積になるのです。このドライアイスを小さなガラス瓶に入れて蓋をしたらどうなるでしょうか。考えただけでも恐ろしいことです。

気体は思わぬところで発生します。2012年、東京の地下鉄車内で乗客の持っていたアルミのジュース瓶が破裂して、多くの乗客が怪我をしました。これはジュース瓶の中に業務用の強力洗剤を入れていたからでした。

この洗剤はアルカリ性であり、アルミニウムはアルカリと反応すると水素ガスH_2を発生します。このため、アルミ瓶の内圧が高くなり、耐え切れなくなって破裂したのでした。水素ガスは可燃性で爆発性です。もし乗客がタバコでも吸っていたら、とんでもない惨事になったかもしれません。

粉塵爆発

普通の状態ならば爆発性などない、ただの可燃物が、ある状態になると爆発性になることがあります。ある状態とは特別な状態ではありません。粉末になるということです。

このような可燃物の粉末が空気中に漂っている状態を粉塵といいます。この粉塵に火がつくと爆発になるのです。これを粉塵爆発といいます。粉塵爆発は粉塵の漂う部屋、工場、あるいはその一帯が一挙に爆発するので、大きな爆発になり、被害者もたくさん出る恐ろしい現象です。

粉塵爆発を起こすものとしては、炭鉱における石炭の粉、炭塵が有名で、過去、大きな炭塵爆発が何回も起こり、その都度、何十人、多いときには100人を超す炭鉱夫が亡くなっています。

その他には小麦粉です。製粉所には小麦粉の粉が漂っています。この濃度が高くなったときに静電気、あるいは電気器具のスパークなどが起こると爆発します。また、砂糖によって爆発が起こったこともあります。

水蒸気爆発

水は気体の水蒸気になると体積が1700倍ほどに増加します。熱したフライパンに水滴を落とすと、水滴は一挙に沸騰して激しくはじけ飛びます。このように高温の物体に水が触れて、水が爆発を起こす現象を水蒸気爆発と呼びます。

水蒸気爆発は身の回りでも起きます。テンプラ鍋にエビを入れると、尻尾が破裂して思わぬ火傷を負うことがあります。これはエビの尻尾という閉鎖空間に閉じ込められていた水が油で加熱されて一挙に水蒸気となったことによるものです。

同じように、火の入ったテンプラ鍋の火を消そうと、うっかり水を掛けると水蒸気爆発を起こして火が飛び散り、火事は起こり、本人は火傷してと、大変なことになります。

水蒸気爆発の大掛かりなものは火山の爆発です。火山の爆発には2通りあり、1つは溶けた溶岩であるマグマが直接飛び出すものです。もう1つが水蒸気爆発であり、これはマグマが上昇して地下水に達したことによって地下水が爆発したものです。

SECTION 15

フラッシュオーバーとバックドラフトの仕組み

火災の現場で怖い現象が2つあります。フラッシュオーバーとバックドラフトです。いずれも火の勢いが突如強くなる現象です。これに遭遇するとベテランの消防士でも命の危険を感じることがあるといいます。

熱の伝わり方

火事に限らず、熱源の熱が物体に伝わるときの伝わり方には3つのルートがあります。伝導、輻射、対流です。

❶ 伝導

鉄棒の一端を加熱すると、徐々に反対の端も熱くなってきます。このように熱が物体を通って伝わることを伝導といいます。

❷ 輻射

ストーブの近くに行くと、顔が熱くなります。これはストーブの火源から出る熱が直接顔に当たるからです。このような伝わり方を輻射といいます。輻射は火源から出る赤外線によるものです。

❸ 対流

ストーブをつけると部屋全体が暖かくなります。これはストーブによって暖められた空気が上昇気流となって上に行き、天井に沿って水平に広がり、壁に沿って下に落ち、というような動きを繰り返した結果、部屋全体の空気が暖かくなり、それによって私たちの体が暖められたことによるものです。このような伝わり方を対流といいます。

火事ではこの3つの熱の伝わり方が総合して働き、物体を燃焼させます。

フラッシュオーバー

火災は、火元の近くの物質から順に燃え広がっていくと思いがちですが、実際の火災では炎よりも煙が発生することが多いです。そして、一定の時間がたつと突如爆発したかのように炎が燃え広がります。ですから、「まだボヤだから貴重品を持ってくる」と火災現場に引き返して、命を落とす人が出てくることになります。

このように、わずか数秒の間に一挙に火勢が強まり、火災が広がる現象をフラッシュオーバーといいます。

フラッシュオーバーは家具などの可燃物が火源からの輻射熱によって加熱されることによって起こります。加熱され続けることによって家具の表面は数百℃になり、ついには発火点を越えてしまいます。

また、加熱され続ける間に家具から煙や各種の気体が発生します。これらの気体の中には一酸化炭素のような可燃性気体が混じっています。これらが発火点に達したことによって一期に燃え上がるのがフラッシュオーバーです。

フラッシュオーバーの危険性は、フラッシュオーバーで燃えるのが可燃性気体である、ということにあります。ですから、フラッシュオーバーは火源からは離れた場所、すなわち、煙の達しやすいところで起こる可能性があります。

　たとえば3階建ての建物の1階で火災が発生したとしましょう。煙は高いところへ向かうので、2階、3階へ上っていき、そこで充満します。そして、一定の時間が経つと発火点に達した煙と可燃性物質が一気に燃え広がり、2階、3階の天井付近はフラッシュオーバーによって火の海になります。

　しかし、煙が行かなかった火元以外の1階部分は燃え残る可能性もあるのです。つまり、フラッシュオーバーは煙が行きやすい高層階の天井付近が最も危険だということ

●フラッシュオーバー

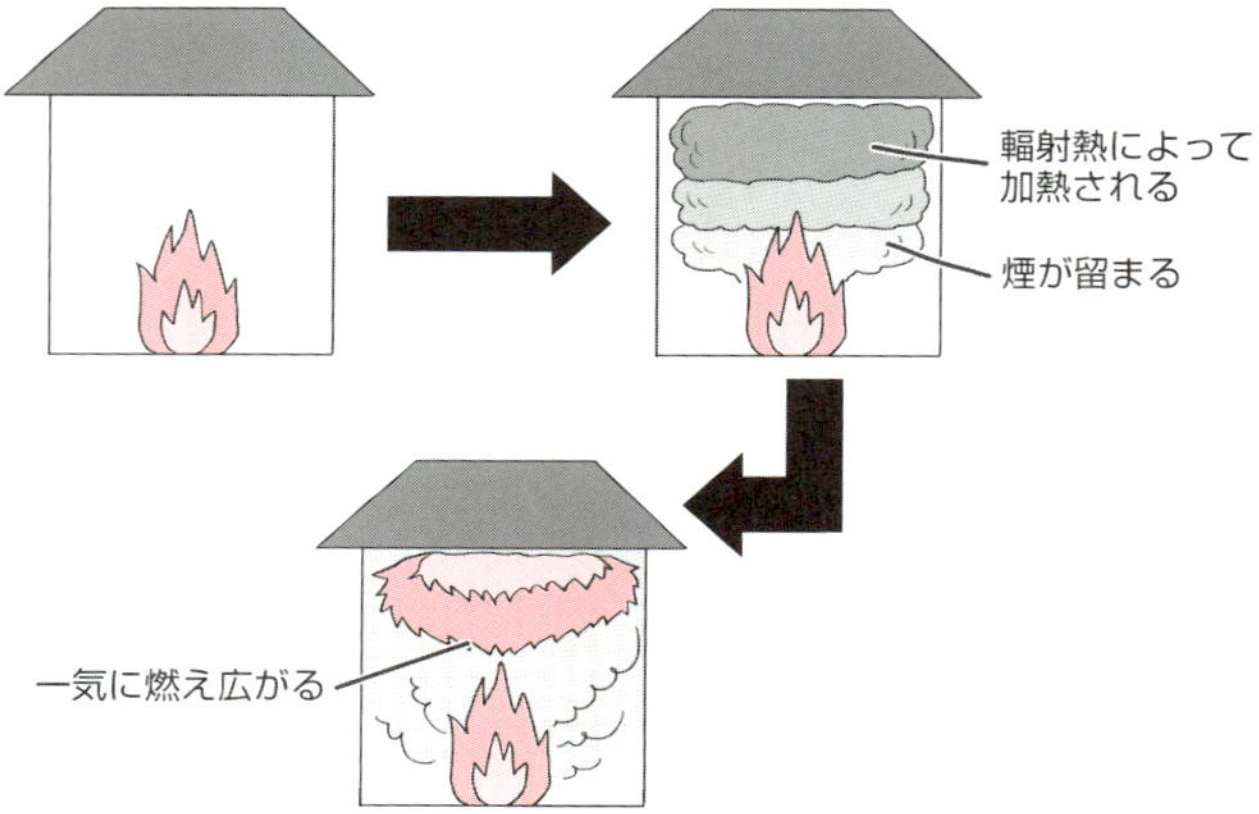

とです。

「火元は遠いのだから、慌てずに避難しよう」とか「1階が火元だから、このまま上層階に留まって消防士の救助を待とう」などと思っていると、フラッシュオーバーの犠牲になる可能性があります。

1972年に工事関係者のたばこの不始末から火事になり、118人の犠牲者を出した大阪千日前デパート火災、あるいは1982年に客の寝タバコが原因で、33人の犠牲者を出したホテルニュージャパンの火災はいずれもフラッシュオーバーによって犠牲者が出たといわれています。

バックドラフト

バックドラフトはフラッシュオーバーと混同して使われることがありますが、両者は違うものです。フラッシュオーバーは酸素のある状態で起こる現象ですが、バックドラフトは酸素のない状態に、急に酸素が供給されることによって起こる現象です。

気密性の高い室内で火災が発生すると、室内に充分な酸素があるうちは燃焼が進行します。しかし、燃焼が進んで酸素が使い尽くされると、燃焼は起きなくなり、一見、鎮火したような状態になります。しかし家具は高熱であり、可燃性のガスは出続けます。

こうしたときに不用意に扉を開けると、新鮮な空気が火災室に入り込み、火種が着火源となって可燃性ガスが一挙に燃え上がって爆発状態になります。これがバックドラフトです。

気密性が高く、可燃物も多い冷蔵倉庫のような建物で発生しやすく、過去において炎が扉から噴出し消防士が殉職したこともあります。最近の建物も気密性が高くなり、バックドラフトが発生しやすくなっています。

●バックドラフト

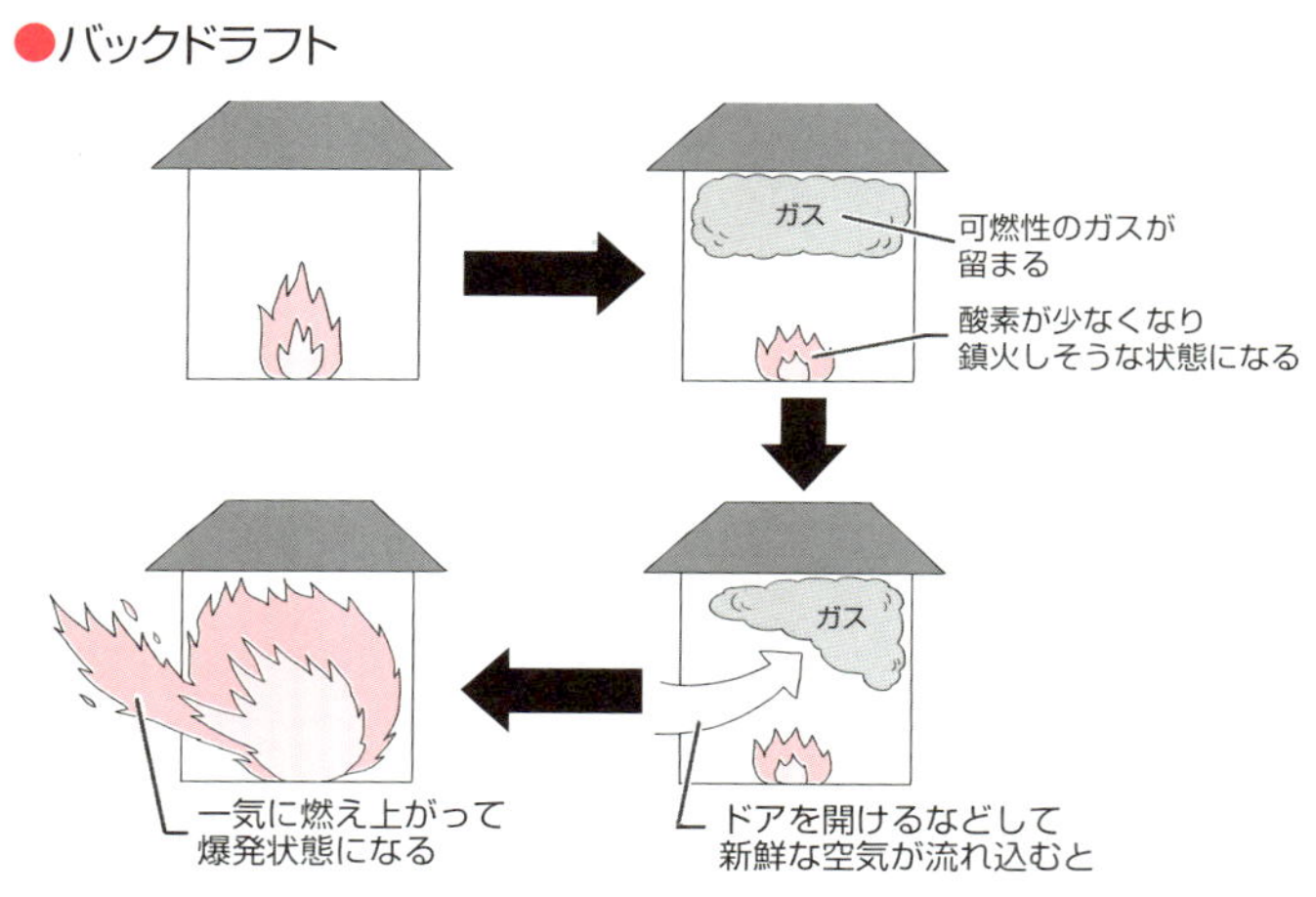

SECTION 16

煙の発生と成分

火事というと火、炎に目が行きます。しかし、火事の主役は炎と煙です。火災で発生する煙にはさまざまな成分が含まれ、しかもその成分は火事の発展に連れて変化します。

煙の発生

煙は気体のように見えますが、気体だけではありません。火事の煙には煤や火の粉など、細かい粒子がたくさん混ざっています。

煙はものが燃えることによって発生するだけではありません。ものが燃えれば酸化物になります。しかし、煙に混ざっているものは酸化物だけではありません。特に現代の火事には酸化物以外のものが多くなっています。

このような酸化物以外のもの、気体は物質が燃えることによって生じるのではなく、物質が分解することによって生じます。物質を構成する大きな分子が、火事の熱によって熱分解され、小さな分子になって煙に混ざるのです。つまり、フラッシュオーバーやバックドラフトが起こる前の状態で、家具や調度が火災の熱に晒されると、炎を上げて燃え上がる前に、ジワジワと熱分解されて気体、煙を発生するのです。

特に最近の化学物質は、さまざまな部分構造を持った分子からできたものが多くなっています。このような分子が分解すると、各部分構造が独立した分子に変形して気体になります。このようなものには有毒なものがあり、犠牲者を生む要因の1つになっています。

煙の主成分

煙の多くは建材や家具などの燃焼によって生じるものです。これは大部分が木材や繊維、すなわち炭水化物であり、炭素C、水素H、酸素Oからできています。

水素が燃えれば水H_2Oとなり、炭素が燃えれば一酸化炭素COや二酸化炭素CO_2となります。これらはみな無色の気体なので、これらだけでできた煙は目に見えない気体であり、一般には煙とはいいません。

火事の煙が黒いのは、燃えていない炭素、すなわち煤が混じっているからです。つまり、火事の煙の主成分は、水(水蒸気)、二酸化炭素、煤ということになります。

煙の有毒成分

最近、煙で亡くなる方が多いのは、煙に含まれる有毒成分(毒ガス)のためといわれます。

火事で発生する毒ガスの最たるものは一酸化炭素です。これは猛毒であり、呼吸毒です。呼吸毒というのは、息ができなくなるのではありません。息をして肺で空気(酸素)を吸っていても、その酸素が脳などの細胞に送られなくなるので、細胞が死に、個体も亡くなるのです。

これは一酸化炭素が血液中にあって酸素運搬をするタンパク質、ヘモグロビンと結びつくので、ヘモグロビンが酸素運搬をできなくなることによるものです。青酸ガス

（正式名：シアン化水素）HCNも同じように働きます。

一方、塩素ガスCl_2や塩酸ガス（正式名：塩化水素）HClは肺細胞を攻撃し、肺浸潤を起こして呼吸ができなくなります。

有毒成分の発生源

なぜ、青酸ガス、塩素ガス、塩酸ガスなど、とんでもない毒ガスが発生するのでしょうか。そのようなものが一般家庭に置いてあるとは思えません。

これらは家具や調度の熱分解によって生じるのです。最近の家具は木製のように見えても木製でないことがあります。たとえ木製であっても、ベニヤ板のように木片をプラスチック系の接着剤で貼り合わせてあり、表面には木目を印刷した塩化ビニルのフィルムが貼ってあったりします。家電の外装は100％プラスチックです。カーテンはほとんどが合成繊維であり、畳の芯も多くはプラスチックです。

これらが加熱されると、プラスチックが熱分解し、いろいろの分解生成物を生じます。塩化ビニルが熱分解したら塩素ガス、塩化水素ガスが発生するでしょう。熱硬化性樹脂でできた接着材が分解したらシックハウス症候群の原因物質であるホルムアルデヒドが発生する可能性があります。家電の外装からは発がん性物質であるベンゼンが発生するでしょうし、セーターや毛布、ぬいぐるみなどアクリル繊維を用いたものからは青酸ガスが発生する可能性があります。

現代の火事によって発生する煙は、木材と紙が燃えて発生した江戸時代の火事の煙とは大きく異なっているのです。

●ベンゼン

ベンゼン

●ホルムアルデヒド

$$H-C(=O)-H$$

ホルムアルデヒド

●アクリル繊維

$$\left(H_2C-CH(CN) \right)_n$$

アクリル繊維（ポリアクリロニトリル）

SECTION 17

延焼の仕組み

火災で怖いのは延焼です。最近は消火設備や消防車が完備し、消防技術も向上したため、火災が延焼して大火になることは少なくなりました。それでも2016年の糸魚川大火のように、4万平方メートルの面積に渡って150棟に達する家屋が全半焼した大火がおこります。延焼はどのようにして起こるのでしょうか。

火の粉

延焼の原因の多くは飛び火です。飛び火は火の粉の大型の物が空を飛んで離れた家の屋根に落ち、そこから新たな火事が発生することです。

飛び火の正体は火の粉の大型のものと考えればよいでしょう。火の粉といっても大きさはいろいろで、数ミリメートルのものから数十センチメートルに及ぶものもあります。

つまり、燃え盛る建材、火を噴いている木材です。火災の勢いで建物が壊れ、燃えている建材が崩れ落ちます。これが火災の熱による上昇気流に乗って上空に舞い上がって新たな火事を誘発するのです。飛距離は、普通は50～200メートル位ですが、2キロメートル以上の遠くまで飛ぶこともあります。

飛び火は、延焼が予想されないような離れた場所に、新たな火災を発生させます。火の粉は、最初の火災現場から吹き上がる火炎の熱気流に乗って舞い上がり、風に流されて離れた場所に落下して、そこで燃え上がります。

直接被害の及ばない災いを「対岸の火事」といいますが、対岸の火事は決して安全ではありません。火が川を飛び越えて対岸に火災を発生させることも決して珍しいことではありません。

飛び火は、火災の現場からだけ発生するものではありません。風呂の煙突から出る火の粉、電気のスパークによる火花、たき火から舞い上がる火の粉などが飛んで、火災となる例も多いのです。

風

延焼のもう1つの原因は風です。火災は風の影響を大きく受けます。延焼の方向と速度は、風速と風向、そしてその変化によって決まります。

風が強い場合、火災の範囲は風下に向かって卵形に広がります。そして、風が強くなるにつれて幅の狭い帯状になっていきます。

関東大震災のときには、地震発生時、強い南風が吹いていました。ところが風向は途中で西に向きを変え、そのうち強い北風に変わりました。このように、強風に加えて大きく風向きが変わったことが、焼失面積が広がった原因と考えられます。

この風向の変化は、自然現象によるものばかりではなく、大火による強力な上昇気流と、それに地球自転に伴うコリオリの力が加わって渦巻き状の風が発生するということもあったものと考えられます。

このような強風のせいで延焼のスピードも速くなり、逃げ遅れによる大量の死者を発生させてしまったのです。

Chapter. 4
火災の種類と原因

SECTION 18

火災の種類

火災にはいろいろの種類があります。火災の分類法には一般的な分類や保険会社による分類がありますが、最も権威のある分類は消防法による分類でしょう。

消防法による分類

消火の立場から、火災を燃える物によって5種類に分類したものです。一般的な消火方と一緒に紹介しましょう。

❶ A火災（普通火災）

木材、紙などの一般可燃物の火災で、普通住宅やビルなどの内部火災。使用可能な消火剤は、水、強化液、泡、リン酸塩類粉末系のものです。

❷ B火災(油火災)

ガソリン、灯油などの石油類、食用油、有機溶媒、シンナーなどの可燃性液体、および樹脂類などの火災。使用可能な消火剤は、霧状の強化液、泡、ガス、粉末系の消火剤です。どれも抑制効果や窒息効果によって消火するものです。しかし、水消火器は、水蒸気爆発を起こすため使用できません。

❸ C火災(電気火災)

電気室や発電機からの出火で、感電の危険性がある火災。使用可能な消火剤は、霧状の水、霧状の強化液、ガス、粉末系の消火剤です。水、強化液、泡は、感電の危険があるため使うことはできません。

❹ D火災(金属火災)

マグネシウム、カリウム、ナトリウムなど、可燃性の金属で引き起こされる火災。乾燥砂などによって酸素の供給を絶つ窒息消火を行います。水と反応する金属が多く、注水すると水素を発生し爆発する危険性があるので水は用いられません。

❺ガス火災
都市ガス、プロパンガス、水素ガスなどの可燃性ガスでの火災。

被災物による一般的な分類

保険関係でよく用いられる分類です。

❶建物火災
❷林野火災
❸車両火災
❹船舶火災
❺航空機火災
❻その他の火災

SECTION 19

放火による火災

火災には必ず原因があります。その種類と件数は第1章で見た通りです。ここでは、各々の出火原因について見ていくことにしましょう。まずは、ダントツに件数の多い放火から見ていきましょう。

刑罰

どこの国でもそうですが、日本でも放火は犯罪の中でも特に重く罰せられます。特に実際に住人が住んでいる家に放火した場合には現住建造物等放火罪として、死刑または無期もしくは5年以上の懲役と定められています。

この量刑は殺人罪の量刑とまったく同じです。また、放火によって犠牲者が出なくても、放火をしたというそのことだけで死刑になることもあるのです。それでも放火が後を絶たないのはなぜでしょうか。

放火の原因

放火をする犯人の心情はいろいろあります。主なものは次のようなものです。

❶住人を快く思っていない、住人に恨みがある
❷保険金目当て
❸犯罪の隠ぺい
❹憂さ晴らし
❺愉快犯

それぞれの実例を見てみましょう。

❶の実例：奈良自宅放火母子3人殺人事件

２００６年６月20日、朝５時ごろ、奈良県田原本町で少年（16歳）が自宅に放火して自宅を全焼させ、継母と異母弟妹を焼死させせました。調べたところ、原因は少年の実父の厳しい躾と暴力にありました。医師の父は少年が小学校１年のときに離婚しましたが、少年に医師になることを要求し、厳しく暴力的な躾を続けました。それを恨みに思っての犯行でしたが、亡くなった３人を殺す意思はなかったとのことです。

❷の実例：夕張保険金殺人事件

１９８４年５月５日午後10時50分ごろ、夕張市鹿島栄町の炭鉱住宅街にあったＨ興業の作業員宿舎から出火しました。この火災で宿舎内にいた子供２人を含む６人が焼死、消防士１人も殉職しました。

調べたところ、この火災は放火であり、犯行の首謀者は暴力団組長夫婦であり、手下に放火を指示したものであることがわかりました。夫婦は首謀者として死刑の判決を受けましたが、恩赦による減刑を期待して控訴しませんでした。しかし、期待に反して恩赦は行われず、戦後初めて夫婦２人ともに対して死刑が執行されました。

❸の実例：マルヨ無線事件

1966年12月5日の深夜、福岡市の電器店・マルヨ無線に元店員(当時20歳)と少年(当時17歳)が強盗目的で侵入、宿直の店員2人をハンマーで殴り重傷を負わせ、現金22万円等を奪いました。元店員は証拠隠蔽のため、石油ストーブを蹴飛ばし放火して逃走しました。店員2人のうち1人は自力で脱出しましたがするが、もう1人は焼死体となって発見されたという事件です。

犯人の2人は逮捕され、少年は罪を認め、懲役13年が確定しました。元店員は1970年に死刑が確定しましたが、放火、殺人については否認し、現在も再審請求中です。そのため、歴史上、最も死刑執行が延期されている死刑囚といわれています。

❹の実例：高山神社放火事件

2014年12月30日夜、群馬県太田市の高山神社の社殿などが全焼しました。調査の結果、火災は放火によるものであり、1年経った翌年12月、58歳の男が逮捕されました。男は「憂さ晴らしで自分が火をつけた」と話しているといいます。

調べによると、太田市内では2014年10月中旬から2015年4月上旬にかけて神社や空き家などで放火や不審火が11件発生していましたが、このうち何件かはこの男の犯行とみられています。

❺の実例：箕輪稲荷神社放火事件

２０１１年11月26日夜、当時15～18歳の少年３人は、静岡市にある身の和稲荷神社に放火しました。まったくの遊び心で、神社の飾り物にライターで火をつけたのです。この火災で由緒ある神社は全焼してしまいました。

神社は3人の少年と保護者４人などに神社の再建費用などとして約1億２０００万円の損害賠償を求める訴訟を静岡地裁に起こしたことでも話題になりました。

SECTION 20

火の不始末による火災

火災原因で、放火のような犯罪以外のものといえばやはり不注意、つまり失火ということになります。失火にもいろいろありますが、タバコ、ストーブ、コンロが主なものです。しかし、意外と多いのがたき火や火入れです。

タバコ

失火の中で最も多いのがタバコの不始末です。しかし、タバコを吸う人口は減少しつつありますから、この比率は今後減少することでしょう。

タバコは定められた場所で灰皿を用いて吸う分には問題ありませんが、ベッドや布団の中で吸う寝タバコ、歩きながら吸って吸殻を道に捨てるポイ捨てなどをすると大変に危険なことになります。

寝タバコが原因で起きた火災といえば、ホテルニュージャパン火災を挙げないわけにいかないでしょう。

火災は、1982年2月8日の午前3時24分に、東京のホテルニュージャパンで発生しました。火災は火元の9階と10階を中心に同日12時半過ぎまで9時間に渡って燃え続けました。炎は7階にまで達し、延焼面積は約4200平方メートルに達しました。被害者は死者33名、負傷者34名に達しました。

調べによると、出火の原因は9階に宿泊していたイギリス人男性による酒に酔った上での寝タバコでした。この男性は、火が出たことで一度は目が覚めたのですが、毛布で覆って完全に消火したつもりで再び寝入ってしまったというのです。ところが火は消えておらず、覆った毛布に着火し部屋中に燃え広がったのでした。

この火災では、スプリンクラーもないというホテルの設備の劣悪さと、従業員の教育不足、経営者の露骨な儲け第一主義が露呈し、大きな社会問題となりました。

また、タバコのポイ捨てによる火災もあります。事例としては、2008年3月27日午前10時57分、東京のＪＲ新橋駅近くで自動販売機2台が激しく燃え出すという火災が起きました。繁華街での真昼間の火災ということで周辺は大混乱になりました。

その後の調べでこの火災は、漏電など自販機自体から出火した可能性は低いことが明らかとなりました。可能性としては自販機と建物のすき間に紙くずなどのゴミがたまり、それにたばこのポイ捨ての火が引火したものと考えられるということです。

ストーブ

ストーブからの出火も多いです。ストーブを倒した、ストーブの周りに干しておいた洗濯物に火がついたなどなどです。

石油ストーブの火を消さないで給油し、その石油に火がついたという事件もありますが。これなどは犯罪扱いしてもよいのではないでしょうか。また、石油と間違えてガソリンを入れて着火したら爆発的に燃え上がったという事件もあります。

次のような事件もあります。

2010年3月13日の午前2時、札幌市の認知症グループホーム「みらい とんでん」から出火しました。原因は入居者の認知症男性がストーブの上に衣類を置いたことでした。

この火災で木造2階建ての施設が全焼し、当時65歳から92歳の男女7人が焼死しました。責任を問われたのは施設の管理運営責任者でした。起訴状によれば「男性入居者はストーブに異常な興味を抱いており、火災に繋がる可能性を責任者は知っていた」とし、火災は予見できたもので、適切な防火対策をしなかったと注意義務違反を指摘したのです。

コンロ

コンロが原因になるのは炊事関係の火災です。ガスコンロの近くに置いた紙や布に火がついて燃え広がった、あるいはテンプラ鍋に火が入ったというような、よく起こりがちな火災です。先に見た新潟県糸魚川市の大火も、火元の中華料理店の店主が鍋を火に掛けたまま、外出したことによるものでした。

テンプラ鍋に火が入る火災は毎日のように起こっているのではないでしょうか。幸いなことに火事というほどの大事に至らずに消し止められているのではないでしょうか。

テンプラ鍋に火が入った場合の対処法はいくつか知られています。

❶ 蓋をする

コンロの火を止めてから、テンプラ鍋より大きめの蓋をするのです。すると空気が遮断されるので、酸素不足となって火は消えます。しかし、天井にまで達するような炎にはこれでは無理です。

❷ 濡れタオルを掛ける

タオルを水に濡らし、水が垂れ落ちることのない程度に絞ります。これを鍋の口に手前から掛けるのです。空気が遮断されることと、濡れタオルの冷却効果で火は消えます。しかしこれも大きな炎には無力です。

❸ マヨネーズを投入する

マヨネーズによる冷却効果を狙ったのでしょうが、消防署では奨めない消火方法です。マヨネーズも油ですから、下手をすると火に油を注ぐことになりかねません。

❹ 消火器を使う

強化液消火器というのがありますが、これが効果的です。強化液というのは炭酸カリウムK_2CO_3の濃厚水溶液です。炭酸カリウムがテンプラ油と反応して、油を固体のセッケンにしてしまいます。これが油に蓋をすることになり、空気を遮断して火を消します。ただし強化液は強アルカリ性ですから、非常に危険です。もし目にでも入ったら大変なことになるので、充分に注意してください。

たき火、火入れ

「火入れ」は、山焼きなどで、人為的に枯草に火をつけて燃やすことです。昔の焼畑農業のようなもので、草の燃えた灰がカリ肥料の役をするのです。しかし、燃え広がって手に負えなくなり、火災、山火事などに広がることがあります。

次のような火災例があります。

2002年3月20日、山梨県の中央自動車道で、近くに住む男性が行っていた野焼きが延焼して斜面に燃え広がりました。

ところが走行中の乗用車がこの猛烈な煙によって視界を失い、路上で停止しました。それに後続の車が次々と追突し、結局14台が関係する玉突き事故となり3人が死亡、2人が重体、9人が重軽傷という大惨事となってしまいました。

なお、野焼きを実施していた男性はそれによる火災の発生のみに関し責任を問われ、多重衝突事故そのものについては「視界不良が発生した際の事故の回避責任そのものはドライバーに帰する」ということで不問とされました。

SECTION 21

電気配線による火災

電気配線が原因の火災があります。しかし、電気そのものに火災を起こす力はありません。火災を起こすには熱が必要です。つまり、電気配線が原因の火災というのは、電気配線が何かの原因によって発熱したことが原因になっているのです。電気配線が発熱するにはさまざまな原因があります。主なものを見てみましょう。

回路の接続箇所の発熱

電気配線では配線を接続する箇所が出てきます。たとえば、コンセントの差込口、コンセントと電線の接続箇所あるいは電線同士の接続箇所です。このような接続箇所は、本来は特別の電気抵抗がないようにして接続しなければなりません。

コンセントに差し込んだプラグが緩かったり、接続箇所の電線の接触面積が小さかったりすると抵抗が大きくなり、電流が流れると発熱します。発熱が続くと銅線が錆びてさらに抵抗が大きくなります。その結果大きい発熱に繋がり、ついには発火してしまうことになります。

対策としては次のものが挙げられます。

❶ 差し込みの緩いコンセント、ぐらぐらするコンセントは取り替える

❷ 焦げた臭いや変な臭いがしたら、すぐに電気工事店に連絡する

❸ コード同士の接続をする場合はコードコネクターを使う

電線が細いことよる発熱

細い延長コードを使ったり、巻いたままや束ねたコードを使用すると、電線が発熱することがあります。すると絶縁物が劣化、変形してコード内部で2本の電線が接触してショート(短絡)し、発熱、発火して火災に至ることがあります。

対策としては次のものが挙げられます。

❶ 大電流が流れる電気製品には延長コードを使わず専用コンセントを設ける
❷ コードは束ねたり、巻いたりしない

トラッキング現象による発熱

トラッキングとは、長い間コンセントに挿したプラグの根元にホコリがたまって、そのホコリが雨や結露や空気中の湿気で電気を通しやすくなることをいいます。電流が流れると発熱し、長い間にはホコリが熱を持って炭化します。そうなるとさらに電気を通しやすくなります。ついには電流が加速度的に増加して発火に至ります。プラグとコンセント間に接触不良があると、さらにトラッキング現象が進みます。

対策としては次のものが挙げられます。

❶ プラグを時々抜いて掃除をする
❷ 雨がかかるところでは防水コンセントを使用する
❸ 差し込みの緩いコンセントはすぐに取り替える

ショート（短絡）による発熱

ショートはいろいろの原因で起こります。たとえば延長コードの上に家具などが乗っていると、長い間にコードが潰れて変形して電線がショートすることがあります。天井裏や壁の中でネズミが電線をかじってショートする場合もあります。最近は天井裏に巣を作ったアライグマによる被害も起きています。ショートすると発熱と発火が起こり、火災に繋がります。

対策としては次のものが挙げられます。

❶コードの上に家具等が乗らないようにする
❷コードをステップルで止めない

電線の断線による発熱

電線の断線によって火災になることもあります。特にエアコンのような大電力機器で断線が起こると発火して火災になります。

対策としては次のものが挙げられます。

❶ コードを引っ張らない
❷ コードの状態を時々点検する

SECTION 22

意外な原因による火災

火災はいろいろな原因で起こります。中には「まさか」と思うような原因で起こることもあります。そのような意外な原因で起こる火災を見てみましょう。

収斂火災

その1つが光学火災です。小学校の実験でやった凸レンズの集光作用です。凸レンズは、そのレンズ全体に差し掛かる太陽光を、焦点において、狭い1カ所に集中させます。

焦点における熱は相当なものであり、目玉焼きなどの調理に使うことができます。しかし、この熱はレンズの面積に比例するのであり、大きなレンズがもたらす熱は、紙を一瞬のうちに黒こげにし、燃え上がらせます。同じことは凹面鏡の焦点に関してもいえます。このような効果によって起こる火災を一般に収斂（しゅうれん）火災といいます。

しかも、このような効果は、あからさまな凸レンズ、凹面鏡でなくとも、現代には、そのようなものがたくさんあります。ペットボトルが凸レンズの代用になることはよく知られていますし、建築物の曲面が凹レンズの代用になることもご存知の通りです。

最近、ガラス張りのビルが流行っています。壁面が湾曲してへこんでいる場合には、ビルの壁面が凹面鏡の役をし、焦点のところに置いたある物体、あるいは駐車している車が発火することがあります。

また、料理に使うステンレス製のボールに布を入れて庭に出して置いたところ発火した事例があります。これはボールの内面が凹面鏡の役をしたのです。

その他にも。水を入れたペットボトル、ガラス玉が凸レンズの役をして発火することがあったり、洗面台の横に顔の細部を見るために設置した凹面鏡に窓からの光が当たり、発火したという事例もあります。

蓄熱火災

大量の可燃物が戸外に積んであると、太陽熱が溜まり、内部は想像以上の高温になります。このような熱を蓄熱といいます。

昔は炭鉱で石炭のクズを積んだボタ山でよく蓄熱火災が起きました。最近ではゴミの蓄積所で起こることがあります。このようなところでは日よけを設置するなどの対策が必要になります。

蓄熱火災としては、2011年11月24日午後10時5分ごろ、横浜市のJパワー(電源開発)の磯子火力発電所で、石炭運搬用のベルトコンベヤー付近から出火したという事例があります。

火は燃え続け、約2時間後の25日午前0時すぎにはコンベヤーのある石炭貯蔵施設(サイロ)が爆発、炎上し、同日朝7時45分にようやくほぼ消し止められました。幸いけが人はありませんでした。原因は貯蔵した石炭による蓄熱とみられています。

低温火災

普通は火災になるような高温ではないのに、低い温度で火災が発生することがあります。これを特に低温火災といいますが、蓄熱火災の一種です。

物質を加熱すると、物質の温度は上がりますが、その温度は加えられた熱と、物質から発散する熱のバランスで決まります。もし、熱源から与える熱が発散する熱より大きければ熱が物質に蓄積され、物質の温度は上昇していきます。ある温度に達すると、材料自身の酸化反応が起こり、材料の温度はさらに上昇します。そして温度がその物質の発火温度に達すると物質は燃え出します。

普通の家で起こる低温発火は、木材という物質による発火です。熱源からの熱が木材に与えられると、始めは木材の水分が蒸発し、木材が多孔質化していきます。多孔質化した木材は断熱性がよくなり、熱が逃げにくくなります。

その結果、100℃程度の低い温度でも木材内部で蓄熱が起こり、ついには引火温度や発火温度にまで達して燃え出すことになります。たとえば、コンロの近くの壁材が長い間加熱されて発火する、あるいは風呂の煙突や暖房のスチーム管に接している木材が長い間加熱されて発火する場合などのケースがあります。
低温火災を防止するためには、次の点に注意することが大切です。

❶ 熱源と壁との距離を充分にとる
❷ 距離をとれない場合は熱を伝えない材料を壁との間に挟む

日常生活に潜む「自然発火」

物質が燃え上がる温度の発火点は高温です。そのせいもあり、物質が自然発火するのは日常生活には無縁のものと思われがちです。しかし、自然発火の危険は身近に潜んでいるのです。

最近よく起こるのがタオルによる自然発火です。東京で、平成20年から平成24年の5年間で、タオルなどが自然発火した火災が26件発生しています。

ただし、このタオルはアロマオイルなどの油が付着したものです。オイルがしみ込んだタオルなどを洗濯して乾燥機に入れて乾燥します。その後も乾燥機内に入れたまま放置する、あるいは畳んで積み上げるなどして放熱の悪い状態に置かれると、洗濯で落ち切っていなかったオイルが発火点に達し、タオルから火が出てしまうのです。ですから蓄熱火災の一種とみることができるでしょう。

マッサージオイルや動植物油などがついた衣類やタオルは、絶対に乾燥機にかけないことが大切です。乾燥機の内部は意外と高温になっているのです。

金属火災

金属が火災の原因になるというと、驚くかもしれません。しかし、化学カイロは鉄の酸化反応を利用したものです。鉄粉が酸化されたことであれだけの熱が出ることを考えれば、金属が火災を引き起こすことも納得できるのではないでしょうか。

金属火災の事例を紹介しましょう。

2017年1月17日、午後9時50分ごろ、大分の廃棄物処理工場で爆発を含む火災が発生しました。火災は約5時間後に鎮火し、けが人はいませんでしたが、現場近くに大分ガスのガスタンクがあったため、近くの住民に避難が呼び掛けられるなど、周辺は緊迫した雰囲気に包まれました。

調べによると、出火当時、現場には大量の廃油とともに鉄粉が集積されていました。この鉄粉は段ボール製の容器に入れられていたといいます。原因は鉄粉が酸化されることによって発熱し、その熱によって廃油が燃え出したものと推定されます。

もう1つ事例を紹介します。

２０１２年5月22日午前2時50分ごろ、岐阜県土岐市のマグネシウムを扱う工場から出火しました。この工場には自動車のホイールの原料となるマグネシウム約２００トンが貯蔵されていました。

通報によって消防車は駆けつけましたが、消火活動はできません。というのは、先に見たようにマグネシウムMgは水と反応して燃えるのです。しかも、ただ燃えるだけではありません。爆発性のガス、水素ガスH_2を発生しながら燃えます。当然、水素ガスは爆発します。つまり、マグネシウムに水を掛けたら爆発が起こるのです。

このような火災に対して行う消火活動は、乾いた砂を掛けることです。そして、延焼を防ぎながら、マグネシウムが燃え尽きるのを待つのです。ということで、この火災に対して消防署が鎮火宣言を出したのは、6日後の5月28日午後3時でした。

Chapter. 5
火災の被害

SECTION 23

建造物の被害

火災はすべての物を燃し尽くします。歴史的な文化遺産も、世界的な美術品も、大切な思い出も、すべて燃えます。その被害は金額で表すことはできません。

それにしても、物的被害にはどのようなものがあるのでしょうか。また、その被害はどのようにして起こるのでしょうか。さらには、それを防ぐにはどのような手立てがあるのでしょうか。

木造建築

日本の一般的な家屋は木造です。木造建築は木材と土、紙からできており、大変に燃えやすいというイメージがあります。しかし、現在の木造建築には耐火性が求められており、それを満足するようなものならば、木造建築といえど、そう簡単には燃えないことがわかります。

２０１２年に、当時の建築基準法に従って模式的な学校を作り、それを実際に燃やすという実験が行われました。壁と天井はすべて木材で作り、さらに実際の職員室と同量の可燃物を入れてあります。

学校建築の窓には網入りガラスではない普通のガラスが使われますが、火事が広がるとこのようなガラスは割れてしまいます。職員室には大量の可燃物が存在しますが、天井が木質化されていると、炎は瞬時に大きくなることがわかりました。

このように聞くと〝木造はすごく燃える〟と思われるかもしれません。しかし、よく見ると、燃えているのは室内の可燃物と内装だけであることがわかります。つまり、鉄骨造の建物内で可燃物が燃えているのと変わりはないのです。

このことから、天井を不燃化すれば燃え広がりを抑制する効果があることがわかります。また、木材は構造材のように重要なところや火災時に燃え広がる経路にならないところに使えば問題はないということになります。

鉄骨建築

最近一般家屋でも鉄骨建築が多くなりました。鉄骨建築には軽量鉄骨と重量鉄骨があります。

軽量鉄骨は、その名前の通り、軽い鉄骨を使ったものであり、鉄骨素材の厚さは6ミリ以下です。軽量鉄骨は素材が軽いため、枠組みだけでは強度が不十分です。そのため、壁部分に筋交（すじかい）を入れます。この筋交いが入った部分は、壁を壊して部屋をつなげるのが難しく、軽量鉄骨構造は木造構造よりリフォームがしにくいことになります。

それに対して重量鉄骨建築は、ビルなどで用いられる構造です。柱や梁（はり）に重量のある鉄骨を用いるため、壁のない構造が可能です。そのため、柱が数本あるだけで、広いフロアを作ることが可能となります。しかし、基礎や地盤へのしっかりした工事が必要になるので、建設費用は高くなります。

一般的に言って、鉄骨構造は木造建築より火事に強いといえるでしょう。しかし、火事は多くの場合、建物そのものが燃えるのではなく、家財が燃えて被害が拡大します。そのため、鉄骨構造のほうが木造構造より火事になりにくいということではありません。

また、鉄骨は燃焼温度が540℃以上になると、強度を急激に失います。そのため、強度を失った柱が突然崩壊する可能性もあります。とはいえ、木造は540℃の燃焼温度になったなら、すでに柱や梁が燃え始めているはずです。そのため、総合的には軽量であれ重量であれ、鉄骨建築のほうが木造よりも火事に強いということができるでしょう。

鉄筋建築

鉄筋コンクリートとは鉄でできた骨組みをコンクリート(セメント)で固めた構造です。鉄筋は引っ張る力には強いですが、押し縮める力には弱いです。反対にコンクリートは引っ張る力には弱いのですが、押し縮める力には強いです。鉄筋コンクリートは両者の強い所を合わせた無敵の構造というところなのです。

火災に対する強度も同じです。鉄筋コンクリートは火災に強いです。しかし、最近の建築物は骨格にさまざまな修飾材が取りつけられます。この中には可燃性のものもあります。火災になれば、このような可燃性のものが燃え広がります。その結果、構造物は高温の炎に包まれます。その結果、鉄骨もコンクリートも劣化して、建築当初の強度を失ってしまいます。

２０１７年にロンドンで起こった高層タワーマンション火災で、ビルの倒壊が懸念されたのはこのような理由からです。

石造建築

現代建築で純粋な石造建築はないといってよいでしょう。技術、費用、どこから見ても大変な工事になります。

歴史的に見て石造建築の火災例は、ギリシアのパルテノン神殿の火災に見ることができます。パルテノン神殿は古くからギリシアのアクロポリスの丘にあった神殿ですが、紀元前４８０年のペルシア戦役によって破壊されました。その後、紀元前４３１年に再建されました。神殿は外側の骨格は大理石ですが、内部は高価な木材をふんだんに使い、象牙や金箔で豪華に装飾してあったといいます。

その後、歴史の荒波に揉まれ、2000年後の西暦1600年ごろにはオスマン帝国の武器庫として使われていました。

ここでまた戦争が起こり、ヴェネツィア共和国がこの武器庫であるパルテノン神殿を砲撃したのです。その結果、大量の火薬が爆発炎上し、その結果が、現在、私たちが目にするパルテノンなのです。

建築後2000年の風雪に耐え、壊滅的な砲撃と火災に逢い、それから500年経っても、あの美しさ。最終的な耐火建築は石造建築なのかもしれません。

●パルテノン神殿

©Phot by playlight55
(https://www.flickr.com/photos/53330692@N05/4978790536/)

車両の被害

自動車の火災は毎日のように起きています。その原因は、交通事故によるもの、整備不良によるものなどいろいろあります。

外部熱源による火災

自動車も物体ですから、火をつければ燃えて火事になります。駐車して置いた車庫の火事によって燃えることだってあります、しかし、自動車そのもの以外の原因で起こる車両火災で多いのは放火です。そして放火で最も多いのが保険金目当て、2番目がいたずらなどによるものです。

保険金目当てが多いのは、意外にも保険金が簡単に手に入りやすいのが車両火災と思われるからだといいます。車両火災が起こると、「損害調査人」が見積調査を行いますが、これは「火災の損害額を査定する」のであり、その「火災の原因」を調査するわけではありません。

保険会社やメーカーなどが疑問を持つ車両火災のみが「火災鑑定」に回されます。特に綿密な検証が行われるのは、発売まもない新型車両の火災です。この場合にはリコールに発展する可能性を検証することになります。

自発発火による火災

車両火災固有のものは、車両自らの発火に基づくものです。この場合にもいろいろの原因があります。

❶ 排気管・ブレーキ

排気管からの火災は車両火災全体の3割を占めます。出火場所の多くはエキゾーストマニホールド、メインマフラー、ブレーキ系統の3カ所です。

エキゾーストマニホールドは集合管と呼ばれるもので、車両において、最も発熱が予想される部位です。そのために、充分な安全対策が施されており、通常使用では出火することはありません。これは、メインマフラーも同様です。

火災を起こした車両を調査すると、多くの場合、繊維片の燃焼残渣が見つかります。つまり、整備などでの可燃物の置き忘れということになります。

ブレーキ系統も、通常使用では出火することはありません。出火は整備不良や経年劣化、あるいはオイル漏れや異物の巻き込みなどの理由によるものが大部分です。

❷エンジントラブル

エンジンから燃料・オイルなどが漏れ出すことによる火災です。当然ですが、車両設計において徹底的に安全対策が施されています。ですから通常使用でトラブルが発生したとしたら大問題です。

出火場所がエンジンであることがはっきりしたら、まず疑われるのは外的因子の可能性です。一般的に、経年劣化によるオイル漏れ、あるいは外的因子でよる破損が考えられるからです。

❸ 電気関係

電気関係が原因の車両火災の多くは、モーター系統が関係しています。これは経年使用による絶縁劣化、接続部の緩みや取りつけ不良によるものが大半を占めます。この結果、配線が不完全となり、ショートが起こって火花が発生、可燃物に引火するのです。

電気の火災を起こした車両の多くは、ユーザーが自分で部品を取りつけたものが多いようです。

❹ 金属同士の衝撃花火

主にゴミ収集車で起こる火災であり、金属同士の衝突などで発生した火花が可燃性のガスに引火して起こった火災です。殺虫剤などのエアゾール缶には圧縮された可燃性ガスが噴射剤として充填されています。これがゴミ収集車内で圧縮され、可燃性ガスが漏れ出し、そこに缶同士の接触火花によって着火するのです。

バス火災

最近、観光バス、長距離バスの事故がニュースになります。バスの車両火災は、平成15年1月から平成26年末までに事業用で264件発生しており、中には車両が全焼に至るケースも見られ、一歩間違えれば大惨事となりかねません。

図は平成23年から26年に発生したバス火災事故、全58件をまとめたものです。出火原因は「点検整備不十分」と「整備作業ミス」で約6割を占めています。出火に至る状況では、電気配線ショート、燃料漏れなどが考えられ、出火箇所では、エンジンルーム内の出火が多くみられます。

●バスの出火原因

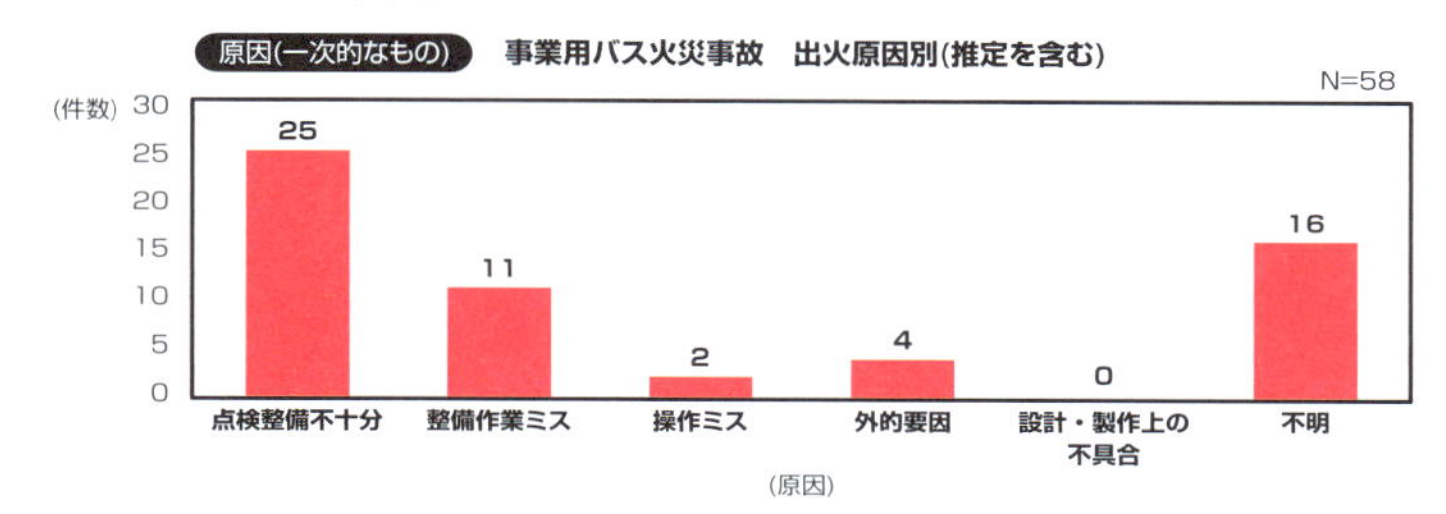

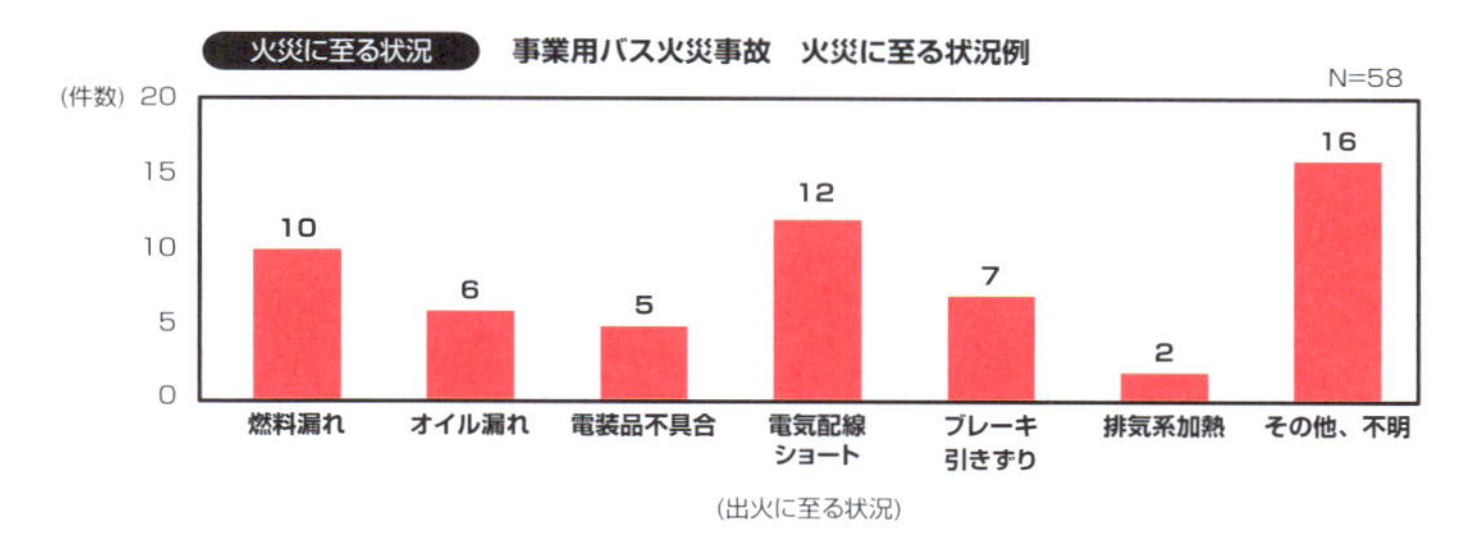

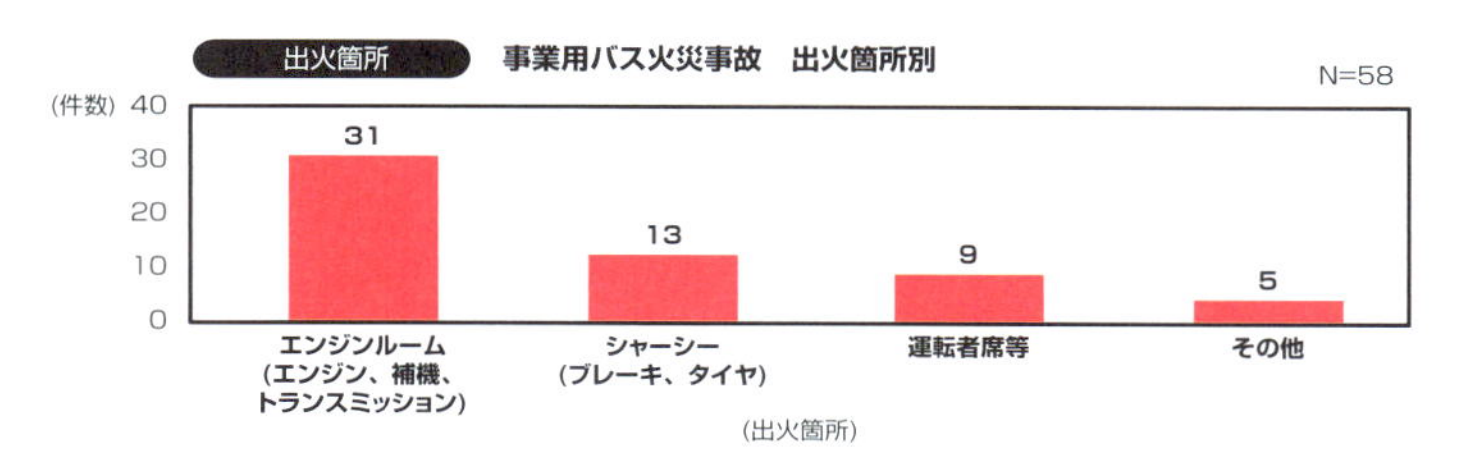

出典：国土交通省のホームページより
(http://www.mlit.go.jp/jidosha/jidosha/tenkenseibi/mages/t2-3/t2-3_01.pdf)

SECTION 25

船舶・航空機の被害

船や航空機も火災から逃れることはできません。船の火災は港で出火した場合を除いては、自分で消火することが原則となります。航空機の火災は、火災＝墜落を意味するだけに余計深刻です。

船舶火災

船舶は長距離を長期間かけて航海することが多いです。そのため、船舶は乗組員や乗客にとって家のような役割をすることになります。そのため、船舶の火災、特に旅客船の火災原因は普通の家の火災原因と似たもの、つまり、失火、電気関係などが多くなります。

❶ 積み荷火災

しかし、貨物を運ぶ運搬船には固有の原因もあります。それは積み荷からの出火です。

2013年10月9日、愛知県豊橋市の三河港に着岸していた貨物船の積み荷から出火しました。乗務員の中国人らは無事でしたが、鎮火までに9時間以上かかりました。調べによると、積み荷の金属くずの中に家電が混在し、摩擦熱などの影響で発火した可能性があることがわかりました。洗濯機など、外側がプラスチックで覆われた家電の場合、発火すると激しく燃えることがあるといいます。

このようなスクラップを積んだ貨物船からの出火が最近増加の傾向にあると言います。

❷ タンカー火災

積み荷火災で大きな事故になるのはタンカーです。ここに紹介する事故は日本の海難史に残る大事故です。

事故は1974年11月9日13時37分ごろに起きました。合計5万7000トンのナフサなどを積載した「第十雄洋丸」（総トン数：43723トン）の右舷船首へ、15000トンの鋼材を積んだ「パシフィック・アレス」（総トン数：10874トン）が正面から突っ込む形での衝突事故が発生しました。

「第十雄洋丸」には穴が開き、漏れ出た積荷のナフサが引火爆発し、右舷船首に食い込んだままの「パシフィック・アレス」を巻き込む火災に発展しました。さらに周辺海域へ流れ出したナフサが海面で炎上したため、辺り一面が火の海となる大火災となりました。

19時ごろに火勢が衰えたのを見計らって接近したタグボートが「パシフィック・アレス」に曳索を掛けて引き離し、現場から10キロメートルほど離れた場所に曳航しました。一方の「第十雄洋丸」はなおも炎上を続けていたため、安全な場所へ座礁させることにし、タグボートで沖合に曳航しました。

しかし、またもや爆発を起こし、タグボートの曳索が外れて黒潮に乗って漂流を始めました。万策尽きた当局は「第十雄洋丸」を爆撃によって沈没させることにし、自衛隊に出動を要請しました。

11月27日13時45分に5インチ砲72発によって積荷を炎上させました。その後、28日午前に航空隊が127ミリロケット弾12発（9発命中）と対潜爆弾16発（9発命中）を投下しました。そして午後になって、魚雷4本を発射し、うち2本が命中しましたが、それでも船は沈みません。ようやく護衛艦部隊からの艦砲射撃が行われ（発射弾数は公表されず）、18時47分、20日間炎上し続けた「第十雄洋丸」は犬吠埼灯台の東南東約520キロメートルの海域に沈没したのでした。犠牲者はパシフィックアレスが28名、第十雄洋丸が5名でした。

❸ 船舶の構造トラブル

船舶の機械的故障に基づく火災は原則的に自動車の場合と同様です。つまり、機関室内は高温になるので、燃料や潤滑油が漏れると火災発生の要因になります。排気管は特に高温になる部分であり、ここに漏れた燃料や潤滑油等がかかり発火する事例、あるいは冷却装置の故障によりオーバーヒートして排気管被覆材が燃える事例が多発しています。

飛行船・熱気球火災

飛行船は飛行機が一般化する以前は航空手段の主な物でした。また熱気球は観光用、競技用として現在も盛んに利用されています。

❶ ヒンデンブルグ号事件

かつて飛行船は大陸間を移動する航空機として最大、最高、最贅沢なものとして君臨していました。その中でも最高のものは当時のドイツが国の威信をかけて建造した大型硬式飛行船ヒンデンブルグ号でした。硬質という意味は、骨格が金属製という意味です。

1937年5月6日19時25分、ヒンデンブルグ号は大西洋を横断してニューヨーク近郊のレイクハースト空軍基地に到着しました。高い係留搭に機体を繋ぎ、乗客が機体から係留搭に移動し、エレベーターで地上に降りようとしている時に、尾翼付近から突如爆発したのです。

ヒンデンブルク号は炎上しながら墜落し、乗員・乗客97人中35人と地上の作業員1

名が死亡しました。

気球の浮揚性機体には水素ガスとヘリウムガスがありますが、水素ガスは爆発性のガスです。そのため、乗客用の飛行船には、浮揚力は水素より劣るものの、爆発の危険性のないヘリウムガスを用いるのが一般的でした。しかし、ヒンデンブルグ号は水素ガスを用いていました。

この事故の原因はかつては静電気か落雷の火花によって水素ガスが爆発炎上したものとされていました。しかし、現在では、機体の外皮に塗られたアルミニウムと酸化鉄の混合物（第3章で紹介したテルミットと同じもの）に火がついて燃え広がったものとする説が有力なようです。

●ヒンデンブルク号爆発の瞬間

❷ 熱気球事件

熱気球は気嚢の下でバーナーによって火を焚き、それによって軽くなった気体を気嚢に溜めることによって空中に上昇する乗り物です。そのため、常に火災の危険性がついて回ります。

事件は2013年2月26日午前6時半ごろに起きました。エジプトの観光地ルクソール上空を飛行していた熱気球が着陸しようとし、高度5メートルに降りた段階で火災が発生したのです。気球には観光客20人と操縦士1人が乗っていましたが、出火とともに気球内の空気が一気に暖められ、気球は急上昇を始めました。

火だるまのエジプト人操縦士が最初に飛び降り(重傷)、高度10メートル付近で乗客2人が飛び降りました(内1人死亡、1人重傷)。気球は煙を上げながら、さらに200メートルほど上昇する間にも8人が次々と飛び降りました。その後、飛び降りることが出来なかった10人を乗せたまま、ゴンドラは重量が軽くなったことで急上昇した後、上空300メートル付近で気嚢が萎み、カンショ畑に墜落しました。

この事故で乗員乗客合わせて21人のうちの19人が死亡し、2人が怪我をしました。

飛行機火災

飛行中の飛行機で火災が発生した場合、飛行機は自力での消火を試みる以外ありません。消火できない場合には最寄りの空港に緊急着陸します。それもできなかったら、最悪の事態となるでしょう。

ところが、最寄りの空港に着陸しながら、その後の関係者の判断ミスが重なって、最悪の事態になった事故があります。飛行機火災の特殊性と、その対処の難しさを物語る例です。

事故は1980年8月19日に起きました。この飛行機は、乗員14名、乗客287名、合わせて301名が搭乗し、リヤド国際空港を午後9時8分に離陸しました。

機内火災に気づいた飛行機はリヤド空港に引き返し、無事に緊急着陸に成功しました。ところが、問題はこの後です。機長は事態を甘く捉えていたようで、滑走路上で緊急脱出を指示せず、そのまま誘導路を走行、着陸から2分40秒後にようやく機体を停止させましたが、エンジンを停止したのはさらに3分15秒後でした。その間、救援隊は機体に近づくことができませんでした。さらに機関士がマニュアルに従ってエンジンとともに空調システムまで停止したため、火災で空気が薄くなっていた機内は酸欠状態になってしまいました。

このような緊急の状況にもかかわらず、空港の救援隊は練度不足とこの機種のドアのシステムに不慣れだったため、なかなか機内に突入することができず、ようやく救援隊が非常ドアを開けることができたのは、着陸から29分後、エンジン停止から23分後のことでした。

しかし、このときには乗員乗客301名全員が、有毒ガスを吸引するなどして死亡していたのです。犠牲者は機体前方部に折り重なるようにして息絶えていたといいます。また機体は主翼から下の構造物と後部を除く部分がすべて焼き尽くされていました。

火災の原因は、貨物室に搭載されていた可燃物の発火と思われますが、火元が完全に灰になったため確定はできませんでした。

この事故で問題とされたのは、非常事態に対する「乗員の意思決定の遅れ」「救援隊の練度不足」の両方でした。その意味では防ぐことのできた人為的ミスということができるのかもしれません。

SECTION 26

山林・林野の被害

地球温暖化の影響でもないのでしょうが、近年、大規模な山林火災が多くなっているようです。火事が起きれば二酸化炭素が発生します。二酸化炭素は温室効果ガスの一種です。ということで負のスパイラルが始まることになります。

山林火災を、自然界の火災と考えると、いろいろの種類の火災があることがわかります。

山火事

山林火災の典型は文字通り山林が燃えることです。大規模山林火災の例として、アメリカ、イエローストーン国立公園の火災を見てみましょう。

イエローストーン国立公園はアメリカで1872年に世界初の国立公園に指定され

た公園です。アイダホ、モンタナ、およびワイオミングの3州にまたがり面積は四国の半分ほどもあります。

公園では落雷による山火事は毎年のように発生していましたが、原則的に人為的な消火は行わないことにしていました。しかし1988年夏、イエローストーンは記録的な干ばつに見舞われました。そのため、6月から7月にかけて発生した山火事は、完全鎮火することなく、公園史上例を見ない大火災に発展してしまいました。

そのため、当局は方針を転換して完全鎮火の決定を下し、全国から延べ2万5000人の消防士を集めて消火に当たりました。消火作業に要した費用は1億2千万ドルに上り、米国で単一の火災の消火に注ぎ込まれた額としては史上最高額となりました。

しかし、火災を止めたのは「自然」といってよいかもしれません。9月11日に訪れたイエローストーンの初雪により、さしもの大火災もようやく鎮火に向かい、同年11月に鎮火しました。焼失面積は公園総面積の36%、東京都のおよそ1・5倍でした。多くの野生動物が火災で亡くなったと推定されます。

しかし、火災後、イエローストーンの森林は少しずつではありますが、確実に息吹きを取り戻し始めていました。エルク（ヘラジカ）の個体数は火災後10年の間で確実に増えつつあり、火災の前は見られなかった種類の花が公園内にひっそり咲いているのが確認されました。一度焼けた森林は以前の姿を取り戻しつつあるのと同時に、少しずつ違う姿に生まれ変わろうとしているのです。

イエローストーンが火災以前の状態に戻るまでには300年はかかるといわれています。しかし、それは地球の歴史のスケールの中では一瞬に過ぎません。徐々に変化する地球環境に適応するべく、森の生態系に変わり続けるチャンスを与えるという意味で、山火事は起こるべくして起こる不可欠の要素なのかもしれません。

炭鉱火災

石炭は古代の植物が地下に埋もれ、地熱と地圧によって炭化されたものです。そのため、石炭を得るには地面を掘らなければなりません。浅いところならば露天掘りも可能ですが、多くの場合は地下に深い炭鉱を掘ることになります。

このようところで粉塵爆発（89ページ参照）が起こると大規模な被害が生じることに

なります。日本で最大規模となった事故を見てみましょう。

事故は1963年11月9日午後3時12分に起こりました。福岡県大牟田市にある三井鉱山の、坑口から約1600メートル入った地点で炭塵爆発が起きました。石炭を満載したトロッコの連結が外れ、火花を出しながら脱線、暴走し、これにより大量の炭塵がトロッコから坑内に蔓延し、この炭塵に引火爆発したのが原因でした。

坑内には約1400人が従事しており、死者458名、一酸化炭素中毒患者839名を出しました。

犠牲者がここまで増えた原因の1つは救助の遅れにあったといわれています。最初の救援隊23名が現場に到着したのは事故から2時間以上も経った後であり、最も遅いのは7時間後でした。事故時の坑内の一酸化炭素濃度は6%といわれていますから、被害者はこの高濃度の中で5~6時間放置されたことになります。

責任と賠償を求める裁判は長期化し、「坑道内に多量の炭塵が堆積しないように管理する義務」を怠っていたとして、会社の過失責任を認め損害賠償を命じた判決が最高裁判所で確定したのは1998年のことでした。

地獄の門

自然界には驚くようなスケールの火災もあります。トルクメニスタン国内のダルヴァザ付近の地下には豊富な天然ガスが埋蔵されています。1971年にソ連(当時)の地質学者が新たなガス井戸を求めてボーリング調査をしましたが、その過程で落盤事故が起き、直径100メートルに達する大きな穴が開いてしまいました。穴からは可燃性の有毒ガスが絶え間なく吹き出るため、仕方なく点火することになりましたが、火はその後、消えることなく燃え続け、現在も燃えています。

住民はこの穴を「地獄の門」と名づけました。現時点ではこの天然ガスの燃焼を食い止めることは技術的に困難であり、天然ガスの埋蔵量も不明なため、今後いつまで燃え続けるのかもわからないということです。

●地獄の門

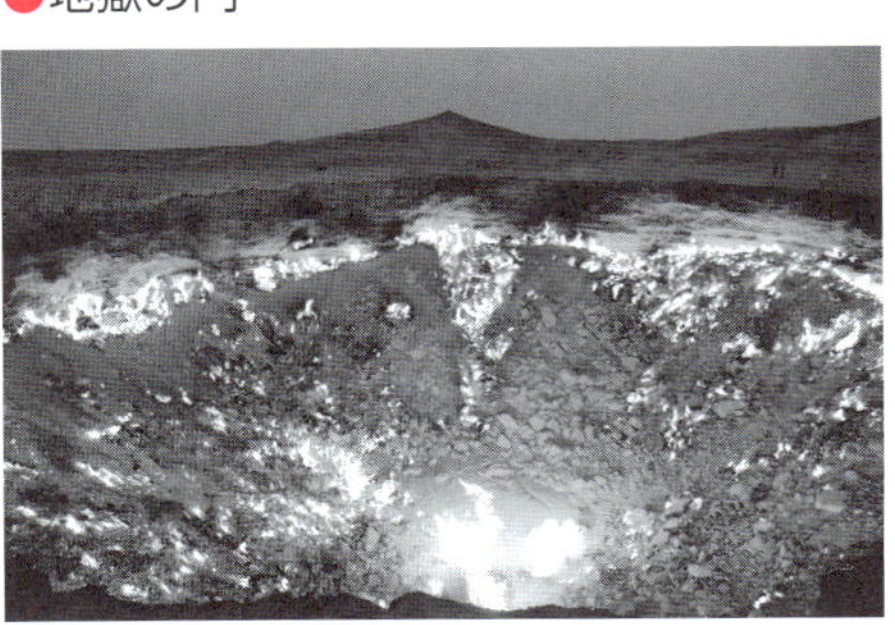

Photo by flydime
(http://www.flickr.com/photos/flydime/4671890969/)

文化財の被害

火災で物質が燃えるときに、その物質の価値は問題になりません。金銭的に高価なものも、文化的に価値あるものも、すべて平等に焼けてしまいます。これまでにどれだけの価値あるものが火災で消えて行ったのかは想像を超えるものがあるでしょう。

法隆寺金堂

法隆寺は1400年ほど前の607年に聖徳太子が父用明天皇のために創建したとされる寺です。しかし、670年に落雷で全焼しているので現在の建築物はそれ以降の再建となります。それにしても1300年以上の歴史を持つ世界最古の木造建築群です。その中でも特に重要な建築物である金堂が昭和に入って火災で消失したのです。

火災は終戦間もない1949年(昭和24年)1月26日午前7時に起きました。金堂内部から出火し、金堂内部を全焼しました。

金堂には708−714年の作といわれる貴重な12面の壁画がありました。戦時中は戦火を逃れるため、上部を解体して疎開していました。しかし、最高傑作とされていた西大壁の浄土変相図は金堂に残っていました。壁画は火に当てられた上に、消火ホースの水により、3カ所に大穴が開いてしまいました。

当時金堂では壁画を保存するために、壁画の模写が行われていました。火災の原因はこのときに画家が使った電気座布団のスイッチの切り忘れでした。完全なうっかりミスによる失火なのでした。このとき、スイッチを切り忘れた画家はその後大成し、平成に入って文化勲章を受章しています。

金閣寺

法隆寺金堂が火災に逢った翌年、今度は金閣寺が火災に逢いました。1950年7月2日の未明、金閣寺のある京都鹿苑寺から出火の知らせがあり、消防隊が駆けつけましたが、すでに金閣寺からは猛烈な炎が噴出しており、手のつけようがなかったといいます。

当時の金閣寺には火災報知機が7カ所に備えつけられていましたが、6月30日に火災報知機のバッテリーが焦げついて故障していたのでした。国宝の金閣寺46坪が全焼し、内部に在った多くの貴重な文化財も同時に消失しました。

火災の原因は放火でした。火災の後、鹿苑寺の見習い僧侶であり仏教大学学生（当時21歳）が行方不明であることが判明し、捜索が行われました。その結果、寺の裏の山中で薬物を飲み切腹してうずくまっていたところを発見され、放火の容疑で逮捕されました。犯人は救命処置により一命を取り留めました。

取り調べに対して犯人は動機として「世間を騒がせたかった」や「社会への復讐のため」などと供述しました。しかし、服役中に統合失調症の明らかな進行が見られたことから、事件当時すでに統合失調症を発症しており、それが原因の1つになったのではないかという指摘もあります。

トリノの聖骸布

キリスト教の一種、カトリックには聖遺物と呼ばれるものがいくつかあります。それぞれはキリスト自身や十二使徒に関係したもの、あるいは奇跡や教会に関係した由緒深いものばかりです。

その中にトリノの聖骸布と呼ばれるものがあります。これはイタリアのトリノ市にある教会に伝わる1枚の布です。それは1メートル×2メートルほどの白い麻布であり、片面に人物の等身大像が描かれています。

何と、この人物はイエス・キリストその人なのです。キリストが磔刑に掛けられて1週間後、マグダラのマリアや使徒の一部がキリストの遺骸をローマから譲り受けました。一同は遺骸を聖壇に安置し、拝んでいたところ、突如遺骸から光が放射され、宙に浮き、天に召されていったことになっています。この布の絵は、このときの光によって焼きついたキリストの絵だというのです。

本当なら、大変な話です。そこで、化学者がこの聖骸布を炭素年代測定に掛けました。ところが、この布の年代は500年を遡るものではない、という結果が出ました。キリストの亡くなったのは2000年以上前ですから、この布の絵はキリストではないことになります。

しかし、このときの測定はサンプル量が少なくて誤差が大きかったというので、その後、再測定をしたところ、2000年前のものということになったといいます。大変な遺物です。

ところが、この聖骸布、30センチメートル角ほどの焦げ跡がついています。これは30センチメートル角に折りたたんでフランスの教会に保管されていたのですが、その教会が1532年に火事になり、あわてて持って逃げたものの、外側が焦げてしまい、その跡が残ったのだといいます。

間一髪で焼失を免れた宝物ということになるでしょう。

Chapter. 6
防災システム

SECTION 28

火災センサー

万が一、火災が起きた場合に、まず大切なのはそれを知らせてくれることです。消火はその次のことです。火災を自動的に感知して教えてくれるシステムを火災センサーといいます。火災センサーには火災で発生するもの、すなわち、熱、煙などのうち、何を感知(センサー)するのかなどによっていろいろの種類があります。

火災センサーとは

オフィスビルや商業施設など、広くて多くの人々が活動している場所では、火事が起こっても気づきにくいことがあります。火災センサーとは、火事が起きた際に熱や煙、さらに赤外線や紫外線を察知して火事が起きたことを知らせたり、消防署へ自動で通報したりする装置のことをいいます。

センサーには、自動センサーと手動センサーがあります。自動センサーというのは、感知器が煙や熱を自動的に察知して音や信号で火事の発生を知らせてくれる装置です。それに対して手動センサーは、非常ベルのように火事を見つけた人が手動で鳴らす装置です。ここでは自動センサーについて見ることにしましょう。

火災センサーの設置基準

消防法によって一定の面積を持つ建物には火災センサーを設置することが義務づけられています。しかし、センサーには、いろいろな種類があります。そこでどのような場所にどのようなセンサーを設置したらよいのかが消防法によって定められています。

たとえば、熱センサーは、熱がある程度伝わらなければ作動しません。天井まで熱が届くほどの炎、というと相当燃え盛った火事ということになります。したがって、非常時に避難通路になるところには、熱よりも低温で察知できる煙センサーを設置しておいた方がよいということになります。

天井の高さも重要です。センサーは一定の熱や煙が届かなければ反応しません。そのため、天井が高いほどセンサーの数を多くする必要があります。設置基準では4メートル以上の天井を作る場合は、センサーの個数を2倍にする必要があります。

熱センサー

火災が起きると、周囲の温度が上がります。このときの熱(温度)を感知して警報器を鳴らすのが、熱センサーです。熱センサーには作動式スポット型と定温式スポット型の2種類があります。

❶ 差動式スポット型

部屋の温度は火事以外でも上昇したり下降したりして変動します。たとえば、白熱灯をつけていても

●差動式スポット型感知器

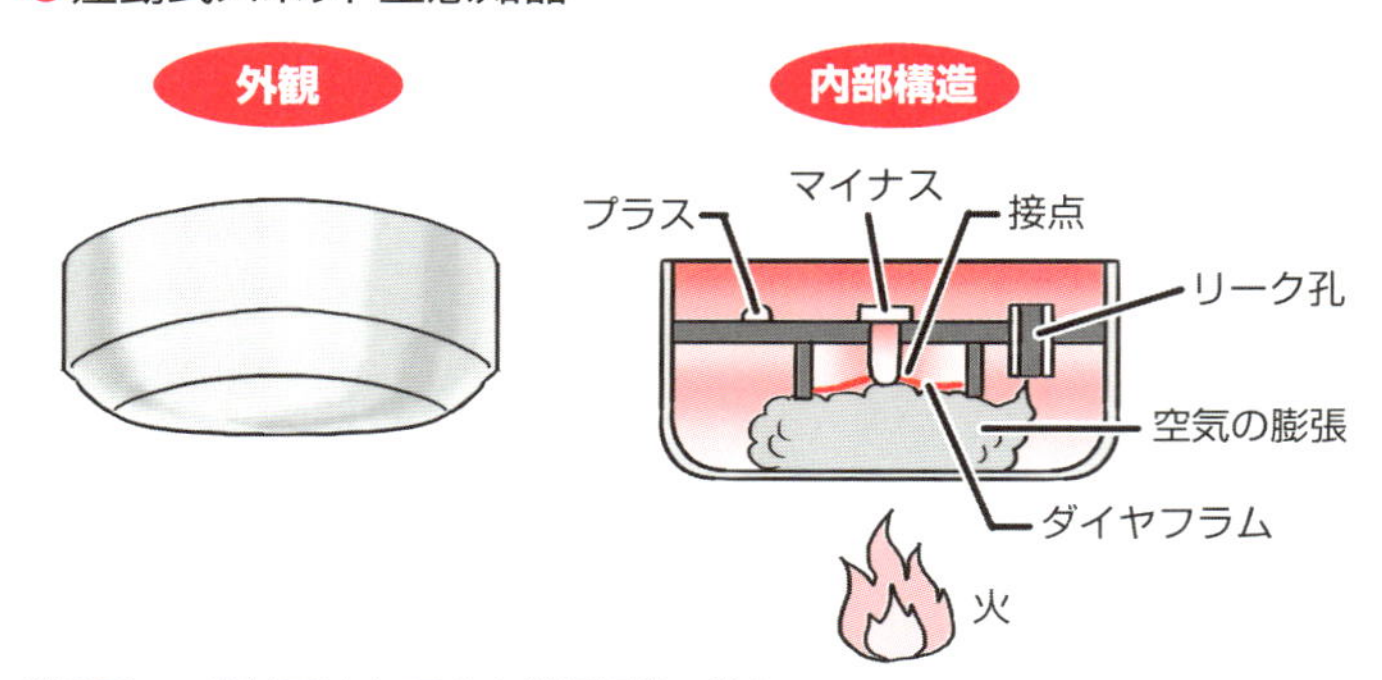

引用元：一般社団法人 日本火災報知機工業会

周囲の熱は上がるでしょう。さらに、ガスレンジを使ったりしたら、温度は上がります。その度にいちいちセンサーが鳴っていたのでは困ります。

そこで、温度が上昇する速度によって作動するのが、差動式スポット型です。つまり、異常に激しい温度上昇があったとき反応するのです。センサーが作動する温度が決まっていないので、厨房（ちゅうぼう）など温度変化が激しい場所に向いています。

❷ 定温式スポット型

定温式スポット型は、一定の温度になると作動します。普段、火の気のない場所や、温度変化がほとんどない場所、つまり住居やオフィスなどに設置するのに適しています。

●定温式スポット型感知器

外観

内部構造

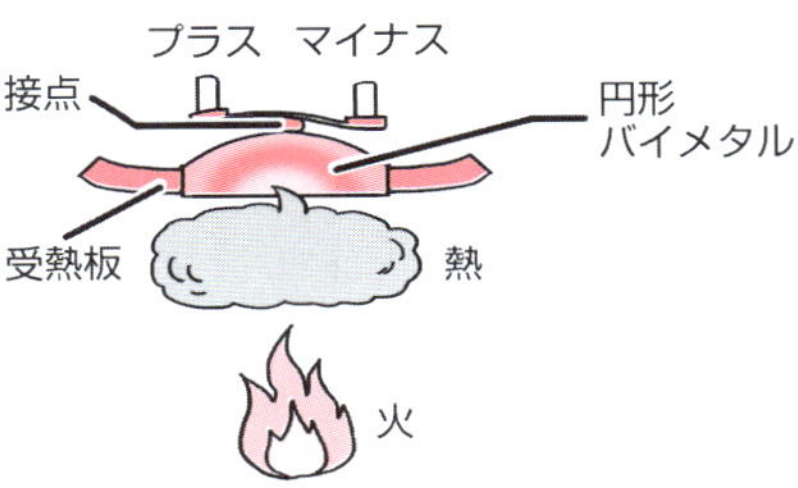

プラス マイナス
接点
円形
バイメタル
受熱板
熱
火

引用元：一般社団法人 日本火災報知機工業会

煙センサー

火事になると炎とともに発生するのが煙です。燃えるものによっては、炎よりも先に煙が出るものもあります。煙を感知して警報を出すのが煙センサーであり、光電式、スポット型、分離型があります。

❶光電式

光電式センサーはセンサー周囲の空気に一定の濃度の煙が混ざったときに、警報を発します。簡単な装置ですが、普段、煙が出ない場所に設置するには、これで十分でしょう。

❷スポット型

スポット型は、特定の場所で煙が発生した場合に

●光電式スポット型感知器

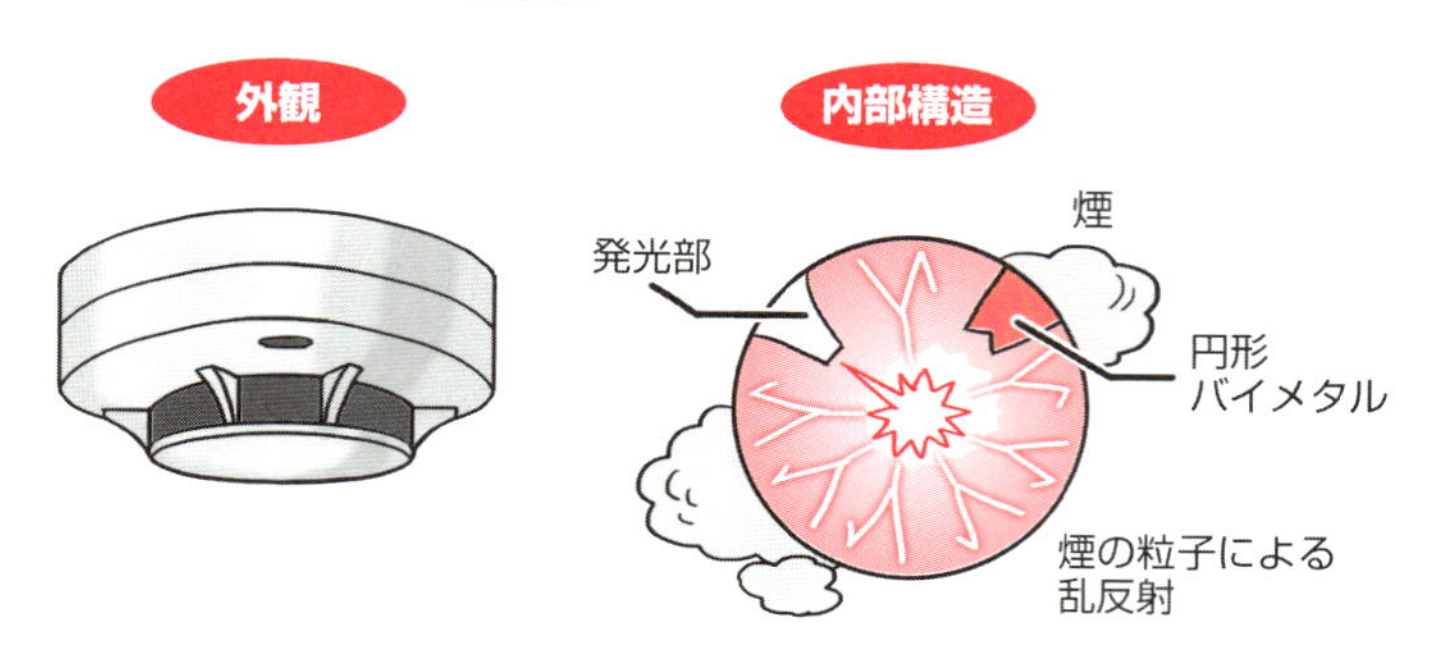

引用元：一般社団法人 日本火災報知機工業会

のみ警報を発する仕組みになっています。つまり、特定の場所に熱源があり、そこから煙が発生した場合にだけ警報を出すということです。したがって、部屋全体は日常的に埃が立っているが、熱源の近くから煙が立ったときだけ教えてほしい、というような場所、つまり、焼き鳥屋さんの厨房（ちゅうぼう）のような場所に向いています。

❸ 分離型

分離型は感知器と受光器という2組1セットのセンサーです。この2組の装置の間に煙が上がってセンサーが遮られると火事だと認識して警報を鳴らします。たとえば、ストーブやコンロなど一定の広さを持つ熱源のある場所に向いています。

●光電式分離型感知器

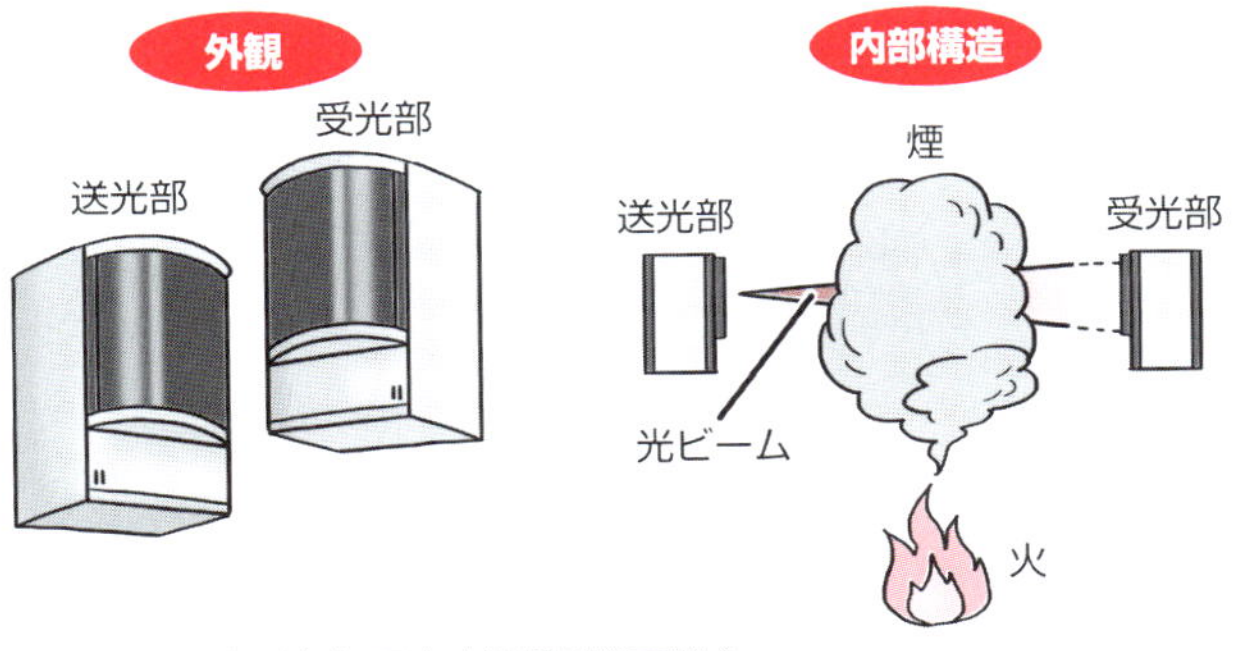

引用元：一般社団法人 日本火災報知機工業会

赤外線、紫外線センサー

火災が発生すると、炎や煙以外に赤外線（熱）や紫外線（光）も発生します。この紫外線や赤外線を察知して警報を鳴らすセンサーが赤外線センサーや紫外線センサーです。

赤外線や紫外線は火災の規模にかかわらず発生します。また、電気配線のショートのように、火災に発展する前に光（火花）を生じるものがあります。これは熱も煙も発しませんが、紫外線（光）を発します。

したがって、炭火のように炎や煙を上げにくい可燃物や、危険になると発光するような可燃物がある場所に設置しておくと有効です。

●紫外線式スポット型感知器・赤外線式スポット型感知器

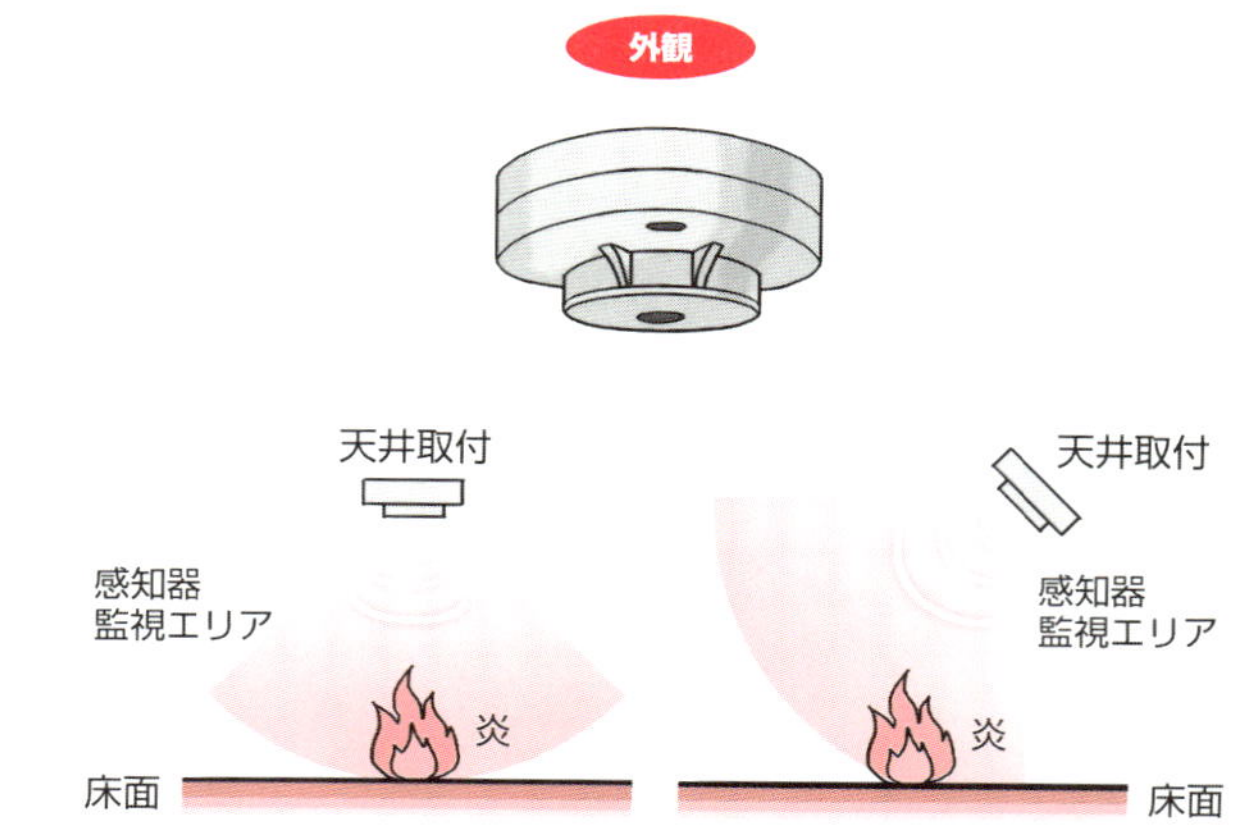

引用元：一般社団法人 日本火災報知機工業会

自動散水機(スプリンクラー)

「火事だ！　どうしよう？」というときに頭に浮かぶのは、水を掛けることです。水を掛けるということには2つの意味があります。1つは冷水によって、火元(火源)の温度を下げるということです。そしてもう1つは水(液体状態、霧状態、水蒸気状態)によって火源を覆うことによって、火源への酸素供給を絶つということです。

つまり、次章で見るような特別の事情がない限り、火事になったら水を掛けるのが最高の方法でしょう。だったら、166ページで見た火災センサーで火災を感知したら同時に水を掛けたらよいだろう、という至極まっとうで単純な思考から開発されたのが自動散水機(スプリンクラー)です。

スプリンクラー

自動散水機にはいくつもの方式、種類がありますが、最も一般なのはスプリンクラーといわれる設備でしょう。

スプリンクラーは、火災発生時に大量の散水で消火を図ることによる初期消火を目的とした設備です。一般的なものでは、センサーが火災を感知すると自動的に作動して水を霧状、あるいは雨水状にして散布します。初期火災の消火、および火災の拡大防止には優れた設備といえます。

最近では大倉庫・工場、高層建築物などばかりでなく、個人住宅でも設置され、火災の減少、縮小などに大きな威力を発揮しています。

❶ スプリンクラーの構造

スプリンクラーは、基本的に水源と加圧送水装置、配管、制御弁、スプリンクラーヘッド、散水口からなります。加圧送水装置としては、水源を兼ねた高架水槽やタービンポンプが用いられますが、住宅用の簡易なスプリンクラーでは上水道に直結して用いられます。

❷ 一般的なスプリンクラー

一般的スプリンクラーでは、スプリンクラーヘッドは、火災時の熱により容易に溶ける低融点合金や、火災の熱で破裂する揮発性の液体(エーテル、アルコールなど)を満たしたガラス球で封じられた、閉鎖式スプリンクラーヘッドが用いられます。

火災になると、ヘッドが開いて散水が始まります。しかし、スプリンクラーヘッドは火災が鎮火しても自動的に水は止まりません。放水を停止するためには、鎮火を確認したのちに、制御弁を人が閉じる必要があります。

スプリンクラーの問題点は、スプリンクラーヘッドが外部衝撃に弱く、火災時以外に放水される水損事故が発生することです。阪神淡路大震災・能登半島地震ではスプリンクラー設備の破損による水損が多発しました。

また、最近では、高層マンションへのスプリンクラーの設置が義務づけられ、設置数も増加しています。そのため、それらの損害を防ぐスプリンクラーヘッドの技術開発が行われています。

❸ 予作動式スプリンクラー

予作動式スプリンクラーは、電算室など、不慮の散水により莫大な損失を被るおそれのある場所で用いられる形式です。自動火災センサーからの信号とスプリンクラーヘッドの開放という2つの動作がなければ散水しない構造になっています。したがって、単なるヘッドの破損だけで散水することはありません。

❹ 開放型スプリンクラー

舞台などで、一般的な閉鎖式スプリンクラーヘッドでは感知が遅くなり有効でない場合に、感熱部のないスプリンクラー(開放型)を用いることがあります。これは火災時、人の手や火災報知設備等で起動させ、一定の範囲のスプリンクラーヘッドから一斉に散水し消火を図る設備です。

自動式放水銃

一般にスプリンクラーは室内の天井部に設置して下方に水を散布し、建物内部で発生した火事を消火するシステムです。それに対して自動式放水銃は建物の外部に設置して建物に対して放水し、建物自体の火事を消したり、建物を他の火事や山火事からのもらい火から守るシステムです。要するに消防士が手で持って使う放水銃を自動式にしたものです。

火災センサーと組み合わせて特定の出火場所に向けて放水し、鎮火したら自動的に放水を停止するなどの優れた制御機能を持っているものもあります。また、大型のヘッドを用いるシステムでは、より効果的な放水のため、水流に圧搾空気を混入させることもあります。

一般的には地上に設置して建物上方に向けて放水し、水幕を張って熱や火の粉から護るタイプが多いですが、反対に屋根の上方に放水銃を設置し、下に向けて放水して水幕を張るタイプもあります。

SECTION 30

難燃化・不燃化処理

可燃物は火に晒されれば発火、着火して燃え上がります。可燃物を発火、着火しにくくすることを難燃化といい、そのために用いる薬剤を難燃剤といいます。難燃化の中でも特に効果の大きいものを不燃化と呼んだりしますが、完全な不燃化は困難です。

熱と炎

火事でものが燃えるときには熱と炎が出ます。可燃物は加熱されて温度が発火点になると発火して燃え出します。また、引火点にある可燃物に炎が近づくと引火して燃え出します。そして引火点は発火点より低いです。ということは、可燃物が燃える時に炎を出さないようにさせれば、火事は広がり難い、すなわち可燃物は難燃化されたことになります。

一般に都市ガスや石油が燃えるときには炎が出ます。しかし、木炭や石炭が燃える時には炎は出ません。炎は気体が燃えている状態、あるいは燃焼している気体なのです。ですから気体の都市ガスや、沸点が低くて気体になりやすい石油が燃えるときには炎が出ます。しかし、気体になりにくい木炭や石炭では炎は出ません。

木材や布のような個体の可燃物も、燃えるときに炎を出すものがあります。これには2つの可能性があります。1つは固体可燃物の中に気体になりやすい揮発性の可燃物が含まれている場合です。高温になって揮発して発生した可燃性気体が燃えているのです。

もう1つの可能性は、固体可燃物を構成する大きな分子が熱のために分解して小さな揮発性の分子を発生し、それが燃えているのです。したがって、可燃物が炎を出して燃えるのを防ぐには、可燃物の熱分解を防げば効果があることになります。

木材、プラスチック、布などの有機物が燃えるときには、まず、有機物が熱分解します。そしてラジカルと呼ばれる非常に小さく、反応性に富んだ分子種、原子集団ができます。このラジカルがさらに有機物と反応して有機物の分解を促進します。そしてこのようにして生じたラジカル同士が結合して可燃性の気体分子となります。

難燃剤

以上のことから、可燃物を難燃化するには、ラジカルを発生させない、あるいはラジカルが悪さをしないように捕捉することが有効であることがわかります。このように考えると、難燃剤に要求される能力は次のようなものであることがわかります。

❶ラジカルを捕捉する
❷可燃物の温度(表面温度)を下げる
❸酸素を遮断する

❷と❸は先に見た燃焼の3要素から出てくる当然の結論です。❷と❸を達成するには、一般の消火の手段と同じように水を掛ければよいことになります。しかし、水を注入した難燃剤では、消火器や消火設備になってしまい、難燃剤とはいえないでしょう。

ところが、分子(薬剤)の中には、熱で分解すると水分子H_2Oを発生するものがあるのです。それは一般に金属水酸化物と言われるもので、アルミニウムAlやマグネシウムMgの化合物などがあります。

また、❷と❸の達成には、可燃物の表面を不燃物でできた断熱材で覆うのも有効であることがわかります。断熱材といえば発泡スチロールです。つまり泡です。泡に含まれる空気こそが最高の断熱材なのです。ということで、発泡性も難燃剤には有効な能力ということになります。このためにはリンが有効であることがわかっています。リンが粘稠なリン酸化合物になって、粘っこい泡を発生するのです。

さて、難燃剤の中心能力であるラジカル捕捉能ですが、この役割を果たすのがハロゲン原子です。ハロゲンというのは周期表の右端部にある17族の元素であり、フッ素F、塩素Cl、臭素Br、ヨウ素Iなどのことをいいます。

フッ素は猛毒の気体ですが、虫歯によいということでフッ素の化合物が歯磨き粉に入っています。塩素は毒ガス兵器として有名な薄緑色の気体ですが、塩化ビニルに入っている他、PCB、ダイオキシン、DDT、PCBなど、公害物質の代表といわれる有機塩素化合物に軒並み入っています。臭素は一般にはあまり目にすることはありませんが、特有の刺激臭をもった、静脈血のように赤黒い不気味な液体です。ヨウ素は赤黒くてキラキラ輝く結晶です。人間では甲状腺に集まっています。原子炉事故があると、原子炉周辺の住民はこれの化合物であるヨウ素ヨウ化カリウムKI_3溶液を飲むことになっています。

難燃剤には、このようなハロゲン化合物が含まれています。これは高温になると分解してハロゲンラジカル(ハロゲン原子のこと)を発生します。ハロゲン原子は一般に高い反応性を持ちます。フッ素は酸素より反応性が高いです。

このようなハロゲン原子は、可燃物から生じた各種のラジカルと反応して不燃性、あるいは難燃性の気体に変化します。そのために、炎が出なくなるのです。

しかし、注意していただきたいのは、このようにして生じた気体は、ハロゲン分子そのものを含むハロゲン化合物です。ハロゲン分子はもちろん、気体のハロゲン化合物の多くは毒性です。すなわち、先に見たように現代の火災では、発生する気体は二酸化炭素や一酸化炭素だけではないのです。

現代の火災には、江戸はもちろん、戦前では想像もつかなかったような猛毒の気体が混じっています。火事で犠牲になる多くの方はこのようなガスの被害に逢っています。現代の火災は炎の被害と毒ガスの被害が相乗されているのです。

SECTION 31

避難設備

火事に遭遇したらまず逃げること、避難して自分の身の安全を計ることが第一です。身の安全が確保されてから、消火を考えるべきです。

避難のために用意された設備を避難設備といいます。

警報、誘導設備

火事が起きた場合、まず居合わせた人に火事の発生を知らせることが大切です。火事と知ったら逃げることができます。しかし、火事と知らなければ逃げることもできません。逃げ遅れて被害に逢うことになります。

❶警報装置

火事の発生を知らせるのが警報装置です。先に見た火災センサーなどがこれに相当します。不特定多数の人が集まる場所では警報ベル、ブザー、サイレンなども有効です。また、音声による通知も有効です。

しかし、このような装置も、自動化されたものには誤作動がつきものです。誤作動が重なると、聞いた方は「またか」と思って避難しなくなることがあります。オオカミ少年の例です。これを避けるためには、誤作動とわかっても避難するように仕向けることが大切です。

そのための1つの方策は警報音を、聞くに堪えない不快な雑音にすることです。この警報音を聞いた人は、火事を避けるためでなく、警報音を避けるために避難するでしょう。

❷誘導灯

火事の知らせを聞いても、どこへ、どちらの方向に逃げたらよいのかわかりません。逃げるべき方向を教えてくれるのが誘導灯です。誘導灯には避難口の場所を知らせる避難口誘導灯と、そこへ行くための通路、方向を知らせる通路誘導灯などがあります。誘導灯は常時明かりが灯っている必要があります。そのため、誘導灯からの発火、火災というトンデモナイ火災が起きることがあります。そのようなことのないのが蛍光剤、蓄光剤を用いたタイプです。これは太陽光や電灯の光を自分の中に溜めこみ、長時間かけて発光し続けるものです。

避難設備

火事の場合にそれを使って避難する設備です。常に設置して置くタイプ、火事の場合にだけ臨時に設置するタイプがあります。

❶ 常設型

常設型は、建物に備えつけられた避難設備です。代表的なものは非常口と非常階段です。幼稚園や病院など、歩いて逃げるのが困難なところには避難滑り台が設置されることもあります。

設計によっては、外部からの侵入を許すことになりかねませんから、設計、施錠、管理が大切になります。

❷臨時型

火事が発生した時点で臨時に設置する避難装置です。「避難はしご」「救助袋」「緩降機」などがあります。

避難はしご　非常時に使用できるはしご型の設備です。折りたたみ式や固定式、ハッチ収納式や格納箱に収納されているものなど、多様な形式があります。

集合住宅などでは、各階ごとのベランダに上下階と結ぶ避難はしごと床面の避難用ハッチが設けられることがよくあります。この場合には、奇数階と偶数階でハッチの位置が互い違いになるように配置されています。ハッチの下に荷物を置くことは厳禁です。

救助袋は上層階の窓際などに設けられる、鉄枠と布でできた避難器具です。鉄枠から長い筒状の布を垂らし、筒の中に1名ずつ避難者が潜り込み、内部を滑って地上階まで下ります。斜降式と垂直式があります。

垂直式は狭小地でも用いることができます。垂直式には落下の加速を緩和するため、筒の形状に膨らみと狭小部を設けるなどの工夫がされています。

斜降式は袋の下部を地上に固定した後、滑り台のように袋の中を滑って降りて避難するものです。以前、学校の避難訓練の際、袋の一部がネズミに齧られて孔が空いており、そこから避難訓練の生徒が落下するという事故がありました。

緩降機は　鉄製のアームを窓などの固定し、そこからロープを垂らします。着用具と呼ばれる輪に体を通し、ロープに吊り下げられて降下して避難する設備です。狭い空間にも設置することができます。しかし、有効に使うためには一定の訓練が必要になります。

SECTION 32

消防機構

火事が起こったら、頼りにするのは何といっても消防署です。119番に電話したら、消防車や救急車が来てくれます。心強い限りです。それでは、消防署の組織はどうなっているのでしょうか。

消防組織

警察組織はトップの警察庁(全国)から県警察(県：府は府警察、東京都だけは警視庁という)ー警察署(市、区、町)ー交番という全国に広がるピラミッド型の組織になっており、警察官は地方公務員です。

しかし、消防組織は少し違います。消防本部(市、区、町、村など：消防局ともいう、東京だけは東京消防庁という)ー消防署(同)ー消防団となっています。

国に属する組織としては総務省の中に消防庁がありますが、これは実働部隊ではなく、各地の消防署を指揮することはありません。

この組織建てからわかるように、消防には県や国に属する組織がありません。つまり、基本的に国や都道府県は消防責任を負うことはなく、よって市町村の消防を管理することもありません。

消防士と消防団員

消防署に勤務する人は消防士であり、地方公務員です。しかし消防団員は準公務員（消防勤務をしているときだけ公務員扱い）ですが、本質的には民間人です。したがって、給料はありません。気持ちだけの年俸（数万円程度）は出るようですが、あとは出動したときだけに手動手当が出るだけです。本質的にボランティアと見てよいでしょう。

Chapter. 7
火事の消し方

消火の原理

人類の歴史の発生した日、それどころでなく、人類が誕生したその日から火災は発生したかもしれず、もしそうなら、その日から消火の歴史が始まっているはずです。

消火の3要素

燃焼が不本意に継続して火災に発展するには、先に見た燃焼の3要素、すなわち可燃物、酸素、温度の3つの要素が揃う必要があります。これは言い換えれば、これら3要素のうちのどれか1つを取り除くと燃焼は停止する、すなわち火災が鎮火することを意味します。

つまり、次の3つのうち、どれか1つを完成すれば、火は消える、すなわち火事は鎮火することを意味します。

❶可燃物を除く
❷温度を下げる
❸酸素を遮断する

消火のための3つの基本的方法

小規模な火災の場合、消火のための3要素のどれかを満足することは難しいことではありません。

ガスレンジから火が出たなら、コックを閉じれば❶ガスは出なくなり、水を掛ければ❷温度は下がり、同時に水幕が❸酸素を遮断します。

しかし、目の前で発火した火が、あれよあれよという間に燃え上がり、オレンジ色に輝く火がガスレンジの向こうの壁を舐めつくし、天井に燃え広がろうとすると、冷静に対処しろ、という方が無理というものです。

消火のための具体的方法

消火の専門家が施す特殊な、専門的な方法を別にすれば、目の前の火災に対して対処できる方法は限られます。それは、燃焼の3要素を忠実に辿った方法に限られます。どこかで読んだ化学的な方法を思い出す余裕などあろうはずがありません。

それは燃焼の3要素に対応した方法です。

❶ **可燃物を断ち切る除去消火法**
❷ **酸素を断ち切る窒息消火法**
❸ **温度を下げる冷却消火法**

これを消火の3要素といいます。この他に原子を不活性化させ、燃焼の連鎖反応を抑制する方法(抑制消火法)を加えて消火の4要素ということもあります。

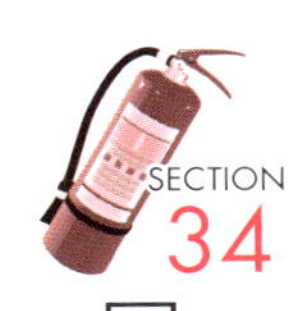

SECTION 34

具体的な消火法

火災はローマの大火、法隆寺全伽藍燃焼の昔からあることであり、それに対処する方法も各種考案、試行されてきました。主な伝統的方法を見てみましょう。

除去消火法

考えるまでもありませんが、次のような例が除去消火法に相当します。

❶都市ガスの栓を閉じる
❷ろうそくの火を吹き消す(蝋の蒸気を吹き飛ばす)
❸爆発による爆風で火を吹き飛ばす
❹山火事の周囲の木を伐採する
❺燃焼している家屋を破壊する

❺は、江戸時代の火消たちが行っていた消火法です。木と紙からできた長屋の建物を、鳶口（とびぐち）や刺又（さすまた）などで力尽くで叩き壊しました。火消しに荒くれ男が揃っていたのは理由があったのです。

窒息消火法

窒息消火法は、酸素供給を断ち切ったり、酸素濃度を下げたりして燃焼を止める消火法です。主な例としては次のようなものがあります。

❶ 水にぬれた布や砂を被せる
❷ アルコールランプに蓋をかぶせる

この他に消防士が行う方法として次のものがあります。

❸ 屋内などを密閉して酸素濃度を低下させる
❹ 密閉された屋内に不活性ガス（二酸化炭素やハロゲンなど）を注入して酸素濃度を低下させる

冷却消火法

冷却消火法は、燃焼体、あるいは室内の温度を燃焼に必要な温度以下に下げ、燃焼を止める消火法です。水をかけて消火するという、太古の昔から行われた方法がこれにあたります。水は熱容量が大きく、蒸発時の蒸発熱も大きいので強い冷却作用があります。

SECTION 35

消火器

「キッチンで火が出た！」というようなときに助かるのが消火器です。消火器にはいろいろの種類があり、それぞれ入っている消火液、その使用法が違います。同時に、消火器にも、どのような火災に適しているかの向き不向きがあります。

消火器の種類

消火器には、どのような火災に向いているかを示した表示があります。各現場で起きる可能性のある火災の種類を想定して、それに効果のある消火器を備えておくことが大事です。

❶ A火災（普通火災）用

A火災（普通火災）用は、紙、木、繊維、樹脂など、主として固形物が燃える一般的な火災に適応した消火器です。

❷ **B火災（油火災）用**

B火災（油火災）用は、油、ガソリンによる火災に適応した消火器です。

❸ **C火災（電気火災）用**

C火災（電気火災）用は、電気設備の火災に使用可能な消火器です。

たとえば、A火災用をB火災に用いると、水蒸気爆発によって火が飛び散る可能性があり、C火災に用いると感電する可能性があります。

●消火器の表示

A火災（普通火災）

炎は赤色、可燃物は黒色、地色は白色

B火災（油火災）

炎は赤色、可燃物は黒色、地色は黄色

C火災（電気火災）

電気の閃光は黄色、地色は青色

消火器の使用法

一般に普及している消火器の使用方法を見てみましょう。

❶消火器上部の安全栓（黄色）を抜く

❷ホースを外し、ノズルを火元に向ける。距離は3メートル程度。あまり近づいても効果は上がらず、かえって炎が吹き返して危険である

❸上下のレバーを握り薬剤を放射する。風上から炎の根本を手前から掃くように消火する

消火器使用上の注意点

以上が一般的な使い方ですが、消火器を使用する場合の注意点を見ておきましょう。

❶無理をしない

一般に消火器で消火可能な火災は「炎が天井に達しない」状態までです。これ以上の

火災は消火器では消火できません。消火栓などの設備があったら直ぐその操作に切り替えます。同時に119番に電話です。

❷ 逃げ道を確保する

屋内で粉末消火器を用いると視界が悪くなります。避難路が見えなくなるのを防ぐため、避難路に背を向けて消火器を使用するなどの注意が必要です。

❸ 消火器で火を撒き散らさない

消火器からは消火剤が勢いよく吹き出ることがあります。場合によっては火が飛び散ります。泡消火器で油火災を消す場合は、油面を圧力でかき回さないように注意することが必要です。

❹ 鎮火の確認

完全に鎮火したかよく注意し、極力全量を炎の根元部分に向けて放射します。特に布団やゴミ箱などの火災に際しては、鎮火後さらにバケツなどで水をかけておくなどすると安全です。特に粉末消火器や二酸化炭素消火器は注意が必要です。

点検・詰替え・廃棄

古くなった消火器には充分な消火能力が残っていないこともあります。また、消火器が破裂した事故もあります。

一般に住宅用消火器は5年で交換することが望ましいとされています。特に加圧式粉末消火器は、容器やキャップに錆、変形がでた物は絶対に使用しないでください。加圧式粉末消火器の破裂はその多くが死亡を含む重大事故となります。

また、家庭用に普及している粉末消火器は必ずしも詰め替えの必要はありませんが、古いものはまれに吸湿・固化することがあるので、5年を目処に点検を兼ねて詰め替えるのがよいでしょう。粉末消火器の簡単な判別法として、上下逆さにしてよく振り、消火器内部で粉末がサラサラと流動するか確かめる方法があります。

ただし、現在では加圧式粉末消火器は極めて安くなっており、単独で詰替えを依頼すると新規に購入するより費用が掛かる場合があります。市町村、消防署などが斡旋をしているときに依頼するか買い換えるのが賢明でしょう。

なお、消火器は、多くの自治体で一般ごみとして回収していません。専門業者に依頼する必要があります。現在では消火器メーカーの業界団体による全国的なリサイクルシステムが構築されています。消火器を購入した店か近くの消防署に問い合わせるとよいでしょう。

SECTION 36

特殊消火剤

油、気体、金属など、いろいろのものが燃えて火災に繋がります。それぞれの火災に対して消火剤が開発されています。どのような消火剤があるのか見てみましょう。

粉末系消火剤

粉末系消火剤は、粉末になっている消火剤です。

❶リン酸系

主成分はリン酸アンモニウム$(NH_4)_3PO_4$の粉末です。炎を抑制する効果が高く、素早い消火ができます。A(固体)、B(油)、C(電気)火災、すべての火災に用いられるABC粉末消火器に入っている消火剤です。

❷ 炭酸系

炭酸水素ナトリウム$NaHCO_3$を主成分としたもの、炭酸水素カリウム$KHCO_3$を主成分としたもの、炭酸水素カリウムと尿素$(NH_2)_2CO$を主成分としたものがあります。消火作用としては、窒息効果と抑制効果があります。この薬剤を用いた消火器は、B火災、C火災に対応できるため、BC消火器といいます。

❸ 金属火災用消火剤

金属火災には水が用いられないので、可能性のある消火剤は粉末や微小な粒状のものとなります。昔は砂やフラックス（鉱石の融点を下げる物質）を用いましたが、現在は専用の消火剤が開発されています。

詳細は公開されていませんが、食塩NaClとフラックスであり、フラックスの作用で食塩の融点が下がり、融けて金属表面を覆い、酸素を絶つことによって消火するものと思われます。食塩が融ける際に融解熱を奪いますから、それによる冷却効果もあるものと思われます。

水系消火剤

水系消火剤は、水に溶けて水溶液になっている消火剤です。

❶ 強化液消火剤

強化液消火剤は、炭酸カリウムK_2CO_3の水溶液です。食用油と反応してセッケンにします。冷却効果と抑制効果があります。A、B、Cすべての火災に用いることができますが、特にテンプラ火災に威力を発揮します。

❷ 中性強化液消火剤

強化液消火剤は強いアルカリ性なので、人体に危険性があります。そのアルカリ性を抑えて中性にしたのが中性強化液消火剤です。テンプラ火災に対する強い効果はありませんが、燃えているものに浸みこむ力が強いので、普通の火災に対する消火効果は大きいです。石油などの油火災にも向いています。

❸ 潤滑剤水溶液消火剤

潤滑剤水溶液消火剤は、水に浸透性の高い薬品を混ぜたものですが、純水に近いものもあります。精密機器の火災に用います。ほとんどの場合、霧状に噴霧して用います。

泡系消火剤

泡系消火剤は、リン酸系消火剤と界面活性剤などを混ぜたものです。リン酸から発生した粘っこい泡で火源を包み込むため、酸素が遮断されて鎮火します。電気火災に用いると感電の危険性がありますが、油火災には威力を発揮します。

●泡系消火剤の仕組み

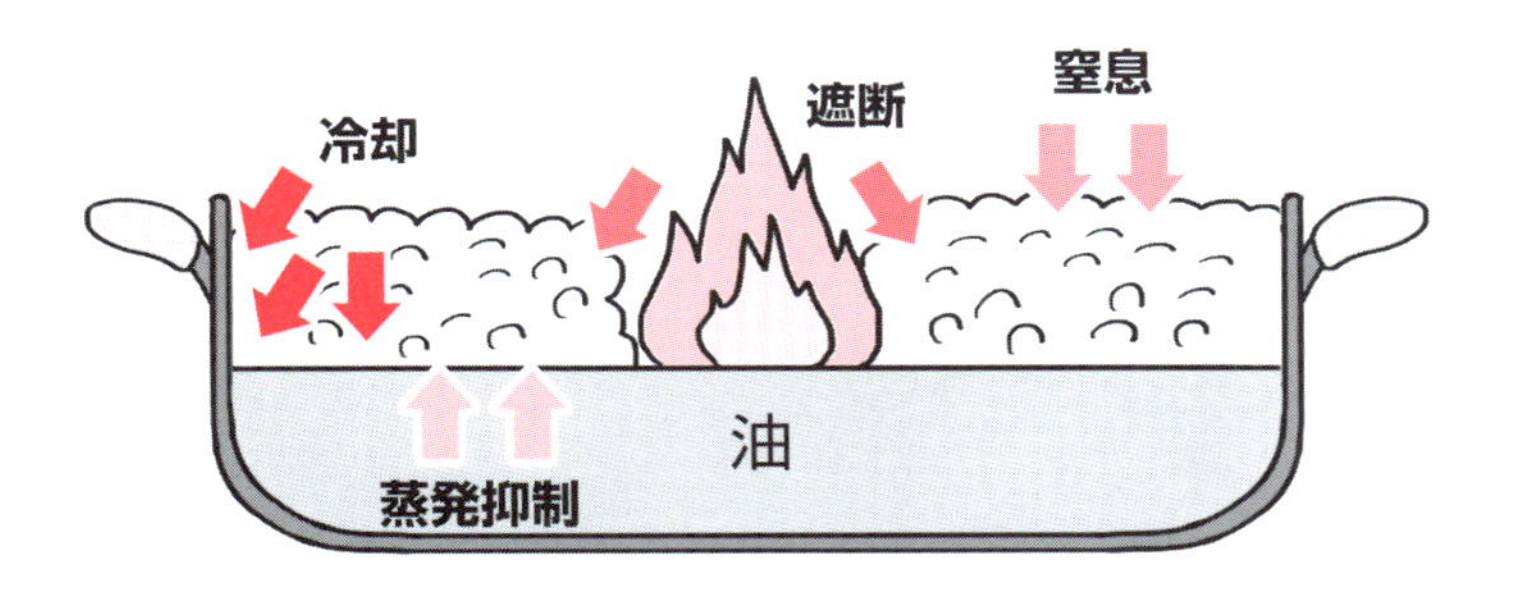

ガス系消火剤

ガス系消火剤は、二酸化炭素CO_2を用い、酸素を遮断することによって消火します。効果的に使うには、火災の起きている部屋を密閉し、そこに二酸化炭素を拭き込みます。鎮火の後に消火剤が残ることがないので、現場がきれいに保存されます。電気、精密機器などの火災に向きます。

SECTION 37

特殊な消火法

油田やガス田の火事では、可燃物は次々と地中から湧いてきます。山火事は可燃物の量もさることながら、面積が莫大です。このような火災にはそれなりの消火方が用いられます。

爆風消火

爆風消火は、爆弾などを破裂させてその爆風で火を消したり、周囲の可燃物を吹き飛ばして消火帯を作ることで延焼を防ぐ消火方法です。爆風を用いるために一瞬で消火することができます。森林火災や油田火災など大規模な火災を鎮火するのに用いられます。

爆風を発生させるためには通常の爆弾が用いられることもありますが、消火剤の入った専用の消火爆弾というものも開発されています。

山火事に用いる場合には、無線機とパラシュートを着けた多数個の爆弾を航空機から帯状に投下し、無線によって同時に爆発させることで帯状の破壊帯を作ります。ただし、周囲に人家がない、人(住人、消防士)が居ないことなどを確認してからでないととんでもない二次災害が発生します。

また、ジェット機のジェットエンジンを戦車などに取りつけ、その強力な噴気を利用することもあります。油田火災のように、火源が限定されている場合には大変に有効です。

空中消火

空中消火は、山林火災に用いる消火法です。航空機の内部にタンクを作り、そこに水を入れて火災現場の上空から水を撒きます。航空機としては、一線を退いた民間機、軍用機が用いられることが多いようです。軍用機では積載能力の大きな爆撃機や低空を飛ぶ能力に優れた、潜水艦探索用の哨戒機などが用いられます。アメリカやロシアのように広大な森林地帯を持つ国で発達した方法です。

アメリカでは、国の組織として森林消防隊が組織されており、航空機から火災現場に直接降下する降下消防員(通称スモークジャンパー)も存在します。しかしこのような消防隊を常設できない自治体もたくさんあります。そのため、空中消火を行う民間航空会社があり、航空ビジネスとして市場が形成されています。海外からの事業委託も行われています。

ロシアでは世界初の森林専門消防隊が組織されました。その中に航空森林消防隊が、広大な森林で発生する火災に備えて常に待機しています。航空機からの空中消火に加え、現場付近にヘリコプターで移動した後、落下傘で降下し地上から消火活動を行う機動部隊もあります。

日本でも1960年代から実施されてきました。しかし、自治体が所有する消防防災ヘリコプター(2007年現在総数71機)は、その放水量が通常0・5トン程度で、自衛隊の大型ヘリコプターの放水量(約7トン)に比べて桁違いに少量です。そのため、これまでは自衛隊が林野火災の空中消火で中核的役割を担って来ました。

江戸の消火

「火事と喧嘩は江戸の華」といわれたくらい江戸では火災が多発しました。世界三大大火の1つといわれる火災も起きており、江戸城の天守閣も火災で焼け落ちたほどです。そのため、江戸では消防隊が組織されていましたが、それは幕府が管理する定火消(じょうびけし)と民間が組織する町火消の2つがありました。

定火消は江戸城の消火、あるいは江戸城への延焼を防ぐのが主な役割でした。定火消は10組あり、それぞれ専任の旗本が指揮し、その下に与力6人、同心30人、火消人足(臥煙(がえん))100～200人で構成されました。

一方、町火消はいろは47組(後に48組に増加)あり、それぞれ頭領、小頭(こがしら)、纏持(まといも)ち、梯子持ち、火消人足(鳶(とび))から構成されました。鳶たちは、普段は建築現場などで働いていましたが、火災になると頭領の下に駆けつけて、消防組織に加わりました。

半鐘が鳴って火事を知ると、町火消の集団は消火のための七つ道具を持って現場に駆けつけました。七つ道具とは纏(まとい)、竜吐水(りゅうどすい)(手押しポンプ)、大団扇、梯子、鳶口(とびぐち)、刺又(さすまた)、水の入った玄蕃桶(げんばおけ)です。

現場に着くと火消の花形である纏持ちが、梯子を伝って火元近くの屋根に上り、纏を振って消火の指揮を執ります。竜吐水は火を消すのではありません。そんな性能はありません。玄蕃桶で運んだ水を竜吐水に入れて纏持ちに掛けて纏持ちを守るのです。飛びかかる火の粉は大団扇で払います。

消火で活躍するのは鳶口と刺又です。鳶口は長い棒の先に金属製の鳥のくちばし状の鍵が着いたものであり、刺又は棒の先に二股になった金属がついたものです。両方とも消火能力などありません。

火消は何をやったのかというと、これを使って現場周辺の家を壊したのです。つまり、破壊消火です。江戸時代の消火技術では燃え盛る火を消すのは土台無理なことです。延焼を食い止めるのがやっとだったのです。そのため、火元の風下側の家を壊して地面に叩き伏せ、燃え上がるのを防いだのです。

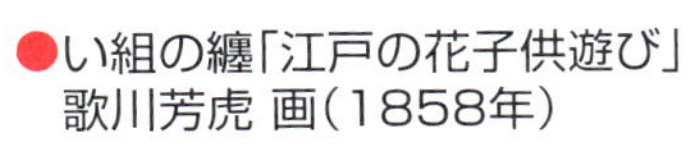
●い組の纏「江戸の花子供遊び」
歌川芳虎 画(1858年)

英数字・記号

あ行

か行

さ行

た行

ま行

や行

ら行

な行

は行

■著者紹介

齋藤　勝裕（さいとう　かつひろ）

名古屋工業大学名誉教授、愛知学院大学客員教授。大学に入学以来50年、化学一筋できた超まじめ人間。専門は有機化学から物理化学にわたり、研究テーマは「有機不安定中間体」、「環状付加反応」、「有機光化学」、「有機金属化合物」、「有機電気化学」、「超分子化学」、「有機超伝導体」、「有機半導体」、「有機EL」、「有機色素増感太陽電池」と、気は多い。執筆暦はここ十数年と日は浅いが、出版点数は150冊以上と月刊誌状態である。量子化学から生命化学まで、化学の全領域にわたる。更には金属や毒物の解説、呆れることには化学物質のプロレス中継?まで行っている。あまつさえ化学推理小説にまで広がるなど、犯罪的?と言って良いほど気が多い。その上、電波メディアで化学物質の解説を行うなど頼まれると断れない性格である。著書に、「SUPERサイエンス 戦争と平和のテクノロジー」「SUPERサイエンス 「毒」と「薬」の不思議な関係」「SUPERサイエンス 身近に潜む危ない化学反応」「SUPERサイエンス 爆発の仕組みを化学する」「SUPERサイエンス 脳を惑わす薬物とくすり」「サイエンスミステリー 亜澄錬太郎の事件簿1　創られたデータ」「サイエンスミステリー 亜澄錬太郎の事件簿2　殺意の卒業旅行」「サイエンスミステリー 亜澄錬太郎の事件簿3　忘れ得ぬ想い」（C&R研究所）がある。趣味は、アルコール水溶液鑑賞は一日たりとも怠りなく、ベランダ園芸で屋上をジャングルにしているほか、釣り、彩木画（木象嵌、木製モザイク）作成、ステンドグラス作成、木彫とこれまた気が多い。彩木画は作品集を出版し、文化講座で教室を開いて教えている。自宅の壁という壁、窓と言う窓は全て彩木画とステンドグラスの作品で埋まり、美術館と倉庫が一緒になったような家と言われる。現役時代には、昼休みに研究室でチェロを擦っては学生さんに迷惑をかけた。最近は、五目釣りに出かけては小魚を釣って帰り、料理をせがんで家人に迷惑を掛けている。酔ってはハムスターを引っ張り出して彼の顔を舐め回し、ハムスターに迷惑がられている。ハムクンごめんなさい。

編集担当：西方洋一 ／ カバーデザイン：秋田勘助（オフィス・エドモント）
写真：©Sergey Mironov - stock.foto

SUPERサイエンス
火災と消防の科学

2017年10月2日　初版発行

著　者　齋藤勝裕
発行者　池田武人
発行所　株式会社　シーアンドアール研究所
新潟県新潟市北区西名目所4083-6（〒950-3122）
電話　025-259-4293　FAX　025-258-2801
印刷所　株式会社　ルナテック

ISBN978-4-86354-230-3 C0043